编程江湖

——Python篇（青少年版）

王爱胜 著

清華大學出版社
北 京

内 容 简 介

本书集程序、算法、计算思维为一体，将Python编程学习写成扣人心弦的武侠故事，为广大中小学生、大学生及其他编程学习者提供了一次轻松入门、趣味盎然的Python学习之旅。

本书基于虚拟的“编程江湖”展开学习，共分三卷、九章、三十六回，以章回小说的形式讲述乐观大方的Python编程“剑术大师”派森恩、冷峻超强的算法设计“剑法大侠”韩青锋、足智多谋的计算思维“剑道大神”姬思木及其亲属、弟子等各种人物的编程江湖故事。全书涵盖各种计算机语言的基本特点、程序设计的一般方法、计算思维的初步应用、程序的基本结构及基础算法、高阶算法、数据结构、工程思维等诸多信息科技课程内容，形象地以剑术、剑法、剑道演绎编程知识、算法思想和计算思维的学习，让读者在寻剑、弩攻、争锋等波澜壮阔的奇幻旅程中学习、应用与思考，并深度融合文学、数学、武术等知识，用“沉浸式阅读”和“深度学习”实现潜移默化的自我塑造。

本书是零起点的Python编程读物，以程序、算法、计算思维的创新式融合学习，对中小学信息科技课程的学习有很大帮助，适合广大青少年轻松学习Python编程，以快速提升数字素养与技能。

图书在版编目（CIP）数据

编程江湖.Python篇：青少年版/王爱胜著.—北京：清华大学出版社，2023.9

ISBN 978-7-302-64259-6

Ⅰ.①编… Ⅱ.①王… Ⅲ.①软件工具－程序设计－青少年读物 Ⅳ.①TP311.561-49

中国国家版本馆CIP数据核字(2023)第135886号

责任编辑：焦晨潇
封面设计：袁 芳
责任校对：赵琳爽
责任印制：丛怀宇

出版发行：清华大学出版社
网 址：http://www.tup.com.cn，http://www.wqbook.com
地 址：北京清华大学学研大厦A座 邮 编：100084
社 总 机：010-83470000 邮 购：010-62786544
投稿与读者服务：010-62776969，c-service@tup.tsinghua.edu.cn
质 量 反 馈：010-62772015，zhiliang@tup.tsinghua.edu.cn
印 装 者：大厂回族自治县彩虹印刷有限公司
经 销：全国新华书店
开 本：165mm×240mm 印 张：17.75 字 数：244千字
版 次：2023年9月第1版 印 次：2023年9月第1次印刷
定 价：68.00元

产品编号：102693-01

随着《义务教育信息科技课程标准（2022 年版）》的颁布，计算思维成为信息科技课程培养核心素养的重要内容之一。小学、初中、高中逐渐开展以 Python 编程为基础的程序、算法、计算思维的教学，Python 编程在中考、学业水平考试及高考、竞赛中日趋重要。因算法设计与编程受知识多、难度大及学校教育课时少等局限，课堂学习会在理解、应用、练习等方面遇到各种困难。为此，我们基于计算思维的新角度，提炼算法的基本思想，梳理中小学生必备的程序知识，运用学生喜闻乐见的武侠故事设置学习情境，架构学习历程，从易到难，环环相扣，学以致用，形成“阅读学算法，不插电学编程”的新思路，让学生在一个个精彩的故事中学习计算思维与算法，提高编程能力。学生通过“插电练习”或“不插电阅读”都能愉快地进行学习。

本书以虚拟化的武侠故事进行叙述，以章回小说的形式让学生的算法编程学习与语文阅读相得益彰，一举多得。全书分三卷、九章、三十六回，在寻剑、弩攻、争锋的故事场景中，生动有趣地把各种计算语言作为江湖门派，以程序实例和人物性格展现特点，用剑术、剑法、剑道类比学习程序知识、算法设计和计算思维，以盘龙阵、飞花令、套娃、击剑比赛、剑法擂台赛及算术动物园、派森英雄榜等趣味程序项目降低学习难度，提高学习效率。

本书故事环境是虚拟化的编程江湖，背景设定为古代青年学子在亲属护佑下的编程江湖奇幻旅行，地点主要在“硅晶谷”，具有时空交错的“故事纯属虚构”的特点，人物语言与行为具有亲和力和形象感；人物的知识与技术融合了中国功夫、兵家阵法等元素，以提高对技术的理解力和应用性；程序范例结合古今中外的经典案例与优秀算法，以提高学习的典型性与可操作性。全书在尽量提高阅读趣味的基础上提高学生的现代信息科技意识。特别说明，虚拟化的编程江湖故事情节不应与真实生活对照比较，读者切勿教条地刻意模仿。

本书故事人物是虚拟化的古代青年学子，因古代不设年级，大致相当于现在中小学或大学低年级范围，有一定成人的自主能力，并有成人家属安全护佑与协助决策，组织活动均为公益学习，不存在非法营销、消费诱导等导向。在故事中，人物相对独立，但在学习中，易将他们作为一个“程序、算法与计算思维的编程能力”整体来对待。例如，派森恩喜“剑术”，是 Python 编程知识的形象类比；韩青锋会“剑法”，是算法思想的形象类比；姬思木懂“剑道”，是计算思维的形象类比，如此更好地对应他们的性格特点、行为方式。众所周知，计算思维、算法与程序常需要融合学习，在阅读中，读者自然会吸取各人之长，视他们为一个团队，或是同一个“真实人”的多项能力。读者在学习之外，会逐步既兼具三人优秀品质，又规避诸如派森恩话多语碎、韩青锋沉默寡言、姬思木体质柔弱的缺点。本书故事的发展，也正是三人相互促进、扬长避短、克服缺点的成长过程，如派森恩务实了，韩青锋爱笑了，姬思木健康了等，对读者极具成长的教育意义。

2023 年 5 月

本书创新打造“阅读学算法，不插电学编程”的“沉浸式阅读”和“深度学习”，实现潜移默化的自我塑造的环境与资源，广大青少年“插电”或“不插电”都能阅读学习，在学习中可以参考以下说明进行。

1、阅读本书的三种方式

第一种方式是“单纯阅读故事”。对程序不过多关注，在故事中体会算法的特点与意义，达成对计算思维的初步了解，形成基础的计算思维和算法思想。

第二种方式是“先读故事后体验程序”。对于没有算法编程基础的读者来说，先阅读完整的故事，掩卷思考后再调用本书提供的程序运行体验，即可获得对程序、算法与计算思维的全新体验，利于快速形成计算思维、算法思想与编程技能。

第三种方式是“边读故事边研究程序”。有算法、编程基础的读者，或对编程特别热爱的读者，可着重在阅读中体会书中“剑术”“剑法”与“剑道”表现出来的编程技术、算法思想与计算思维的内涵统一，再对自己感兴趣的程序进行研究、优化。

2、本书主要人物特点介绍

在阅读本书时，参照下面的主要人物简介，能更快速地把握故事情节和人物设置意图。

派森恩：1号主人公，富家公子，性格开朗，想法灵活，善交流，喜“剑术”——编程知识。

韩青锋：2号主人公，年轻侠客，性格沉稳，行动敏捷，善行动，会“剑法”——算法思想。

姬思木：3号主人公，青年才俊，性格文静，思维缜密，善谋略，懂“剑道”——计算思维。

杨二舅：中年男子，团队监护人，派森恩的二舅，稳重勤劳，善“管事”——数据处理。

小 谷：派森恩弟子，吃苦耐劳，勤学好问，善实践，功夫扎实，爱应用算法编写程序。

小 迪：派森恩弟子，聪慧敏捷，口齿伶俐，善钻研，技术高超，爱优化算法、提升程序。

小鱼儿：韩青锋弟子，严谨认真，身法灵活，善观察，做事周密，爱观察数据、演绎算法。

小 特：韩青锋弟子，接受力强，动作敏捷，善应用，做事高效，爱应用函数提高效率。

小 吉：姬思木弟子，机智灵敏，特立独行，善思考，创新力强，爱提炼思维、创新程序。

小 鼓：姬思木弟子，英勇强壮，力大无穷，善行动，勇敢热情，爱把力气用在关键处。

黑衣人：蜀派变脸门师弟，门中药师，性情古怪，善用弩，神秘莫测，爱诗词，文化底蕴深厚。

青衣人：蜀派变脸门师兄，变脸传人，性情开朗，善递归，爱工艺，努力传承优秀文化。

3. Python 版本与安装

本书提供的程序已尽量回避具体 Python 版本，在 Windows 10 或 macOS 10 操作系统上的 Python 3.7、3.9 或 3.11 均可运行。读者练习使用的 Python 软件或相关编辑器，都可以参考书中提示下载、安装后使用。

4. 本书资源下载、应用与交流

本书案例、资源十分丰富，所有程序源代码统一编号，均可通过扫描下方二维码下载，文件解压后可对应调取运行。

本书不仅提供了完备的练习程序与学习指导，还在关键的回目中提供必要的“武功秘籍”以提高算法设计与编程能力。附赠彩色思维导图，帮助读者加深对程序知识、算法思想和计算思维的整体理解。

另外，所有读者均可参与以三位虚拟主人公为形象的学习交流活动，阅读感受、程序改进等均可免费学习与交流。

扫描二维码
即可获取本书所有资源

招募令

有人的地方就有信息科技，有信息科技就有『编程江湖』。

编程江湖也许没有刀光剑影，却必有成功失败。
编程江湖也许没有阴谋诡计，却常有 bug 陷阱。
编程江湖也许没有潜规暗则，却必有算法章程。
如果，计算思维是一种勇闯编程江湖的剑道智慧，
那么，Python 就是一把所向披靡的剑术利器，
而且，算法思想还是一部功力超强的剑法秘籍。
不论，将来在或不在编程江湖行走，
总归，都会用到计算思维，都应具备算法思想。
如若，早早与其携手，
必将：领先一步，技高一筹。
须记：少年强则国强，科技竞争力是国家的核心竞争力！

乐观大方的 Python 编程“剑术大师”派森恩、冷峻超强的算法设计“剑法大侠”韩青锋、足智多谋的计算思维“剑道大神”姬思木及热情好学的弟子们，在等着我们加入派武馆编程战队，共同修习日渐精进的编程功夫，共同驰骋奥妙无穷的编程江湖！

编程宝剑初出鞘　　计算思维闯天涯

癸卯仲夏

目录

第二章　青锋初试断舍离，招招剑中有真气

第三章　秘籍之中悟思维，猎猎风中舞战旗

第四章　万马齐喑战山崖，行军代码显神威

第贰卷　弩攻

第五章　盘龙阵法巧寻箭，自古英雄出少年

第六章　新弩自动箭连发，枪林弹雨逞英豪

第七章　月夜飞花寻亡羊，查找算法强中强

第叁卷 争锋

第八章　毕业擂台击剑赛，水桶冒泡比输赢

第九章　一剑封喉逊插队，心向北斗未来星

楔子

楔子者，以物出物之谓也。

——金圣叹

盛夏，雨后，正午，烈日当空。

锵锵三人行，少年走江湖。

派森恩

身矮略胖，喜着金边红衣。派姓源出不详，派家务实经商，世代经营雕花家具，在青木镇也算富甲一方。因祖祖辈辈感沐树之恩情，子孙皆“名中带木”，派森恩因此得名。十二岁时初识与己名同音之编程语言 Python，更似遇见亲人一样惊喜万分，痴痴地认定自己与编程是天生的缘分，苦学不怠，对“编程知识”是曲不离口、剑不离手的喜爱，立志成为编程江湖上的 Python 编程“剑术大师”。

韩青锋

体格健壮，生性冷峻，喜着青色短装。无父无母，本一弃儿，从小被韩姓老夫妇收养长大。他在襁褓中时，不知被何人遗弃于早市，包裹内只有半部剑法秘籍残卷，包裹外绑有一柄长剑，剑身上镌刻“青锋”二字，养父便给他起名为韩青锋。他天生就是一个好剑客，曾被一位江湖游侠调教一年半载，名派剑法略知一二。出剑时，别人不知道他何时出的手，剑却已在他手上；收剑时，别人不知道他何时收的手，剑已入鞘中。他言语不多，可“心”是热的；他很少出手，剑却很讲究。凭借简洁、快速的剑法，算法设计“剑法大侠”即将在编程江湖上成为一个传说。

体形修长，面容清秀，常持折扇、着纶巾，喜白素装扮。姬姓源于上古长居姬水的黄帝，东周末年此支迁来青木镇，青木镇的姬家以诗书传家。因他自幼寡言而善思，加之五行缺木，故入学时父亲更其名为“姬思木”，巧合“计算思维”（计思）之意。老子有云：道生一，一生二，二生三，三生万物。姬思木慧根深厚，参悟了深奥的“剑道”，无论多复杂的问题他都能巧妙化解，无招胜有招，日后他必将成为计算思维“剑道大神”。

这是三位风华正茂的英俊青年。

他们虽同在小小的山城青木镇上，却并非发小，何时遇见又怎样结识，谁也不曾记得。据说跟派森恩脱不了干系。因为他话多、善良，容易让人亲近。

看，那山亭之中有三人，一坐、两站。

在盛夏雨后正午的烈日下，他们正专心投入地谈论着什么。

“木，锋，”派森恩对亲近的人都惯称一个字。“暑期来临，咱也出山去开启我们羡慕已久的‘编程江湖’之旅吧？”派森恩眨巴着一双大眼睛，手中转着一支玉杆毛笔。

韩青锋抱着他的剑，默默地望着远方雨后的山黛，未语。

姬思木沉思良久。他慢慢把一个很小的、镶嵌着金眼睛的玉鹌鹑，轻轻收进口袋，慢摇折扇，轻咳一声，悠悠说道：“派森——”

姬思木叫朋友的名字时，对三个字的，喜欢把第三个字化成轻音，绵绵

的却很悠远，“你说得极是，不过——”姬思木略作沉吟，继续说，“我辈尚小，财力不能作主，也需成人陪伴。”

姬思木深吸一口气，望向韩青锋目光所至的远山高峰，轻轻拍一下他的左肩，柔柔地说：“韩青，走吧——”

突然，派森恩用剑指向天空中的一只雄鹰，肯定地说：“木，盘缠靠我。咱家有矿，可别客气，至于成人陪伴嘛，山人自有妙计！”

派森恩每说一句，就用右手中的那支毛笔敲打一下左手中的剑柄，满脸都是笑。

姬思木、韩青锋，谁都没有转头看他。

大概都已经习惯了他这样絮絮叨叨。

一阵清凉的山风吹来，风中弥漫着山花的香气。

派森恩殷勤地给姬思木披上白色披风。要给他系领扣时，被姬思木用折扇轻轻拦下了。

他扶着韩青锋的胳膊，慢慢站起来，深吸一口飘满花香的空气，微笑着对派森恩说出一个字：“好——”

三人相携下山。

两瘦一胖、两强一弱的三个身影，越来越小，越来越模糊，慢慢消失在烂漫山花和薄薄山雾之中。

姬思木深吸一口气，望向韩青锋目光所至的远山高峰。

突然，派森恩用剑指向天空中的一只雄鹰。

第壹卷 寻剑

编程江湖初见识，派森武馆新开张

这一路，真的是山高水长。

派森恩优哉游哉，没放过一处风景。

韩青锋默默不语，背剑、抱手，不离姬思木左右。

姬思木走走歇歇，时不时拿出罗盘、地图，看山观水，思忖指点。

一日，他们来到一座山清水秀的城外城，名为“硅晶谷”。

这里离大城市不远，依山傍水，是一座独立的花园城市，据说居住着编程江湖的各门各派。

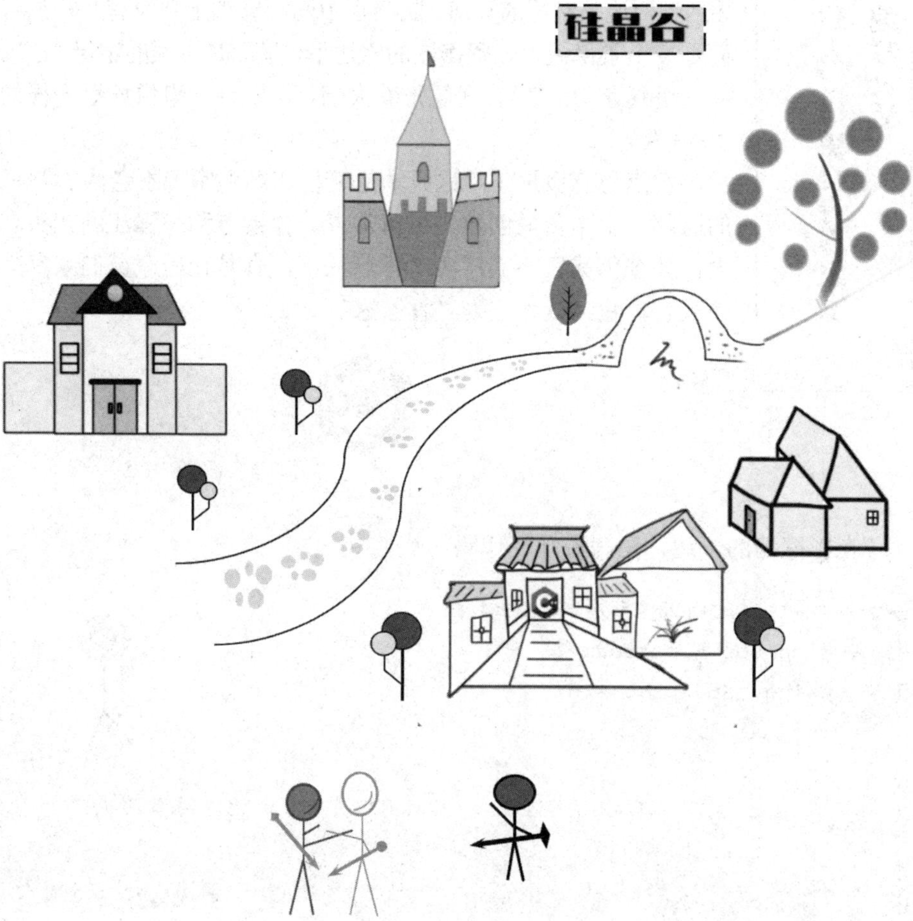

硅晶谷

“硅晶谷”是一座独立的花园城市，据说居住着编程江湖的各门各派。

第一回 编程江湖曾称大，绿树常青喜家家
——C++：编写灵活

硅晶谷。

姬思木、派森恩、韩青锋三个人，沿着两旁开满月季花的主街道从北往南走。

第一座庭院，是经典的中国传统园林式庭院。大门楼古色古香，两边是对称的耳房。院门正中间影壁墙上并没有“福”字，而是一个景德镇青花瓷镶嵌的六边形，里面是丰硕的字母“C”。

瞧这字母“C”，好像张着大嘴，正要吞一串像炒豆一样的“++”。

派森恩感慨地说：“这原本是编程江湖上常青不老族‘C++’的府邸，由本贾尼创建，绿树常青，曾被尊称编程江湖龙头老大，如今仍威风不减，多次排名三甲，真是让程序员们家家都喜欢它，我特爱称它为‘喜家家’。”

C++ 图标

在影壁墙的一边，还写着几行代码。

```
#P-1-1  C++ 语言程序——输出数据
#include <iostream>
using namespace std;
int main()
{
    cout << "举起石头砸在你脚上比较困难——C++ 之父：本贾尼";
    return 0;
}
```

影壁墙前，竖立着一块高大的太湖石，只见它纹理“皱”、石形“瘦”、石体上下“漏”且前后“透”，真是精美绝伦。

派森恩一摇一摆地凑过去，故作优雅地用他那支毛笔指着代码，口里念念叨叨：“第一行代码用 include <>引用头文件。这个头文件用来提供输入、输出数据流。若没它，后面 cout 输出就不能用啦！”

见没人理他，派森恩便用力地用右手中的毛笔拍三下左手，提高嗓门：“这第二行 using 指向的内容，就像个大房子当作标准库来存东西。复杂，复杂，真复杂！”

派森恩起劲地摇着他那圆圆的大脑袋。

韩青锋微微瞥了一眼，问派森恩："main( ) 和 cout 呢？"

派森恩倒也不含糊，继续说："我家祖上与'喜家家'一族是有交情的。我当然知道这 main( ) 是主函数，也就是主程序从此开始。"

他望望四周，又用笔杆拍拍左手，继续提高嗓门："这 cout 就是数据流的输出命令，用来显示结果的。"

"让我试试。"话音未落，韩青锋手上突然剑如花开，一个个动作连贯而出——

【C++ 在线运行】

1. 从网上搜一个在线 C++ 编程平台。
2. 输入或从资源复制粘贴代码。
3. 单击 " 点击运行 " 按钮。

点击运行　标准输入(stdin)　C++ 在线工具

```
#include <iostream>
using namespace std;

int main()
{
    cout << "举起石头砸在你脚上比较困难—C++之父：本贾尼";
    return 0;
}
```

C++

在线运行 C++ 程序

不一会儿，像全息投影似的画面立马展现在大家眼前。特别显眼的是，半空中显示出："举起石头砸在你脚上比较困难——C++ 之父：本贾尼"。

姬思木轻轻颔首，默默赞许。他慢慢地合起那把白色折扇，轻轻给韩青锋补上两句："for (int i=1;i<=10;i++)" 和 "<<endl"，然后又给下一句加了个"{}"。

```
#P-1-2  C++ 语言循环程序
#include <iostream>
using namespace std;
int main()
{
   for (int i=1;i<=10;i++)
   {cout << "举起石头砸在你脚上比较困难——C++ 之父：本贾尼"<<endl;}
   return 0;
}
```

派森恩赞道："这'{}'最讨人喜欢，这么一括就是一个程序语句块，写起来真是灵活。"

韩青锋剑指"点击运行"，啪啦啪啦，那句话像一块又一块石头飞落下来。

【运行】

```
举起石头砸在你脚上比较困难——C++ 之父：本贾尼
举起石头砸在你脚上比较困难——C++ 之父：本贾尼
举起石头砸在你脚上比较困难——C++ 之父：本贾尼
举起石头砸在你脚上比较困难——C++ 之父：本贾尼
举起石头砸在你脚上比较困难——C++ 之父：本贾尼
举起石头砸在你脚上比较困难——C++ 之父：本贾尼
举起石头砸在你脚上比较困难——C++ 之父：本贾尼
举起石头砸在你脚上比较困难——C++ 之父：本贾尼
举起石头砸在你脚上比较困难——C++ 之父：本贾尼
举起石头砸在你脚上比较困难——C++ 之父：本贾尼
```

派森恩惊愕了。

他看到这么多石头，担心总有一块会真砸到他的脚上，下意识地后退两步，皱起眉头讷讷地说："我看——咱还是走吧。这石头不是我们的菜。"

韩青锋忙去搀扶姬思木。

姬思木边走边悠悠地说道：**"编程武功的招式，各家都有相似之处，思维方式更是相通相融。"**

派森恩现在对石头仍心有余悸，忙说："木，你说得对。"

说着，他竟又回头看了一眼这家大院。院后好像还有一个别院，里面高高挂着一面旗子，上面有"C"却无"++"，也写有几行代码。

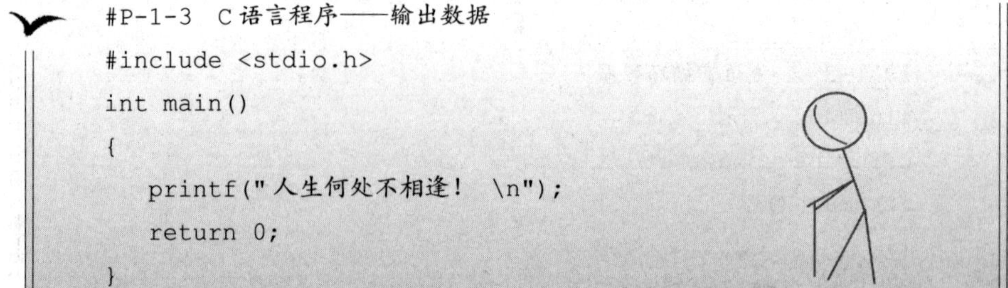

```
#P-1-3  C 语言程序——输出数据
#include <stdio.h>
int main()
{
    printf("人生何处不相逢！ \n");
    return 0;
}
```

派森恩眼力特好，看得非常清楚，心中猜想："那或许就是传说中'喜家家'的老祖'C'的居住地吧？"

第二回 百思黯然已退隐，温柔公子成空架
——VB：可视化编程

姬思木、派森恩、韩青锋三人，继续往南行。

在街道左侧又发现了一处美丽的庄园。

这庄园不同于前面“喜家家”庭院那样的园林风，拥有一处西式老建筑，门、窗都很高，两边墙上写有一幅对联：“莫道百思谁能解，但言千控有乾坤。”

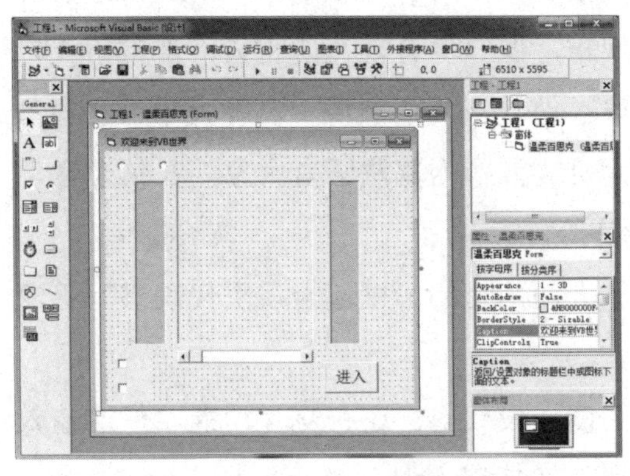

VB（Visual Basic）控件与属性界面图

派森恩看着如此复杂的建筑，没敢大声说话，只低声嘀咕一声：“这是百思克（BASIC）老贵族的家吗？VB是他家的大公子，据说常戴一副金丝眼镜，手拿文明棍，总是很气派。”

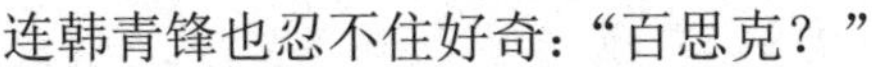

连韩青锋也忍不住好奇：“百思克？”

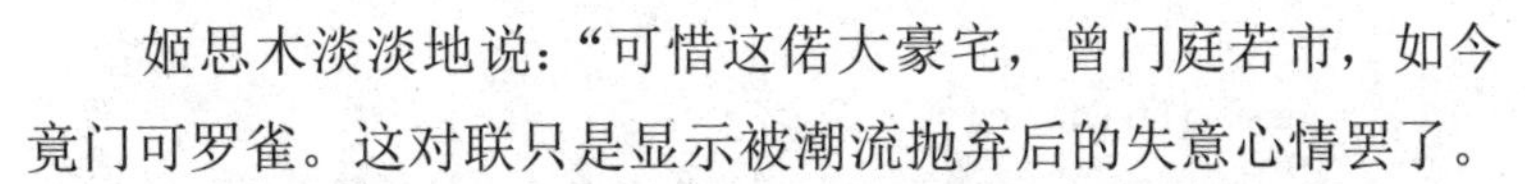

姬思木淡淡地说：“可惜这偌大豪宅，曾门庭若市，如今竟门可罗雀。这对联只是显示被潮流抛弃后的失意心情罢了。VB也曾革新成‘可视化编程’，有些像窗户的窗体、像门闩的按钮和像标语的标签等‘控件’，**编程效果所见即所得**，还能变化出成千上万功能，本也极妙。”

韩青锋点点头，一脸冷酷地说：“花架子也太多了吧？”

派森恩突然说道：“武功太刻板成了空架子吗？让网络时代淘汰，可惜，可惜啦。”说完，他像是大彻大悟了一样，一摇一摆地继续往前走。

韩青锋看向姬思木：“百思克，气节尚存，也许他的子孙总有一天还会重出江湖吧！”

姬思木微微一笑，看向更远的前方：“现如今，很多编程语言也可以用代码来做控件，也算是其精神得以流传——”

第三回 刻板教条旧绅士，垂垂老矣帕斯卡——Pascal：语法严谨

天近黄昏。

越往前走，店铺越多，豪华的大公馆鳞次栉比。

左边有一古老的哥特式建筑——“帕斯卡”城堡。

派森恩说：“这里的主人帕斯卡（Pascal），原是位老牌绅士，行为举止都很规矩，像一位有范儿的哲人，常常给人以严谨过头的刻板印象。他曾被科学领域、名牌大学、实验室等学院派的学者奉为贵族。作为**算法语言**大家，在信息学奥赛中也还有他文质彬彬的高大身影。”

“帕斯卡”城堡大门两边的影壁墙上，用代码书写着深奥的富有哲理的箴言。

特别是影壁墙右侧一段代码，还有交互功能，任谁输入自己的名字，都会显示一句箴言给他。

#P-3-1 Pascal 语言——输入 / 输出数据

```
program Hello(input,output);
var
name:string;
begin
  readln(name);
  writeln(name,'你知道吗？时光是最好的雕刻师。');
end.
```

派森恩怎么能错过这么好玩的事呢？他赶紧搜索 Pascal 在线运行网站。在 Input 框里输入自己的名字，单击“运行”按钮，果然出来了对他说的箴言。

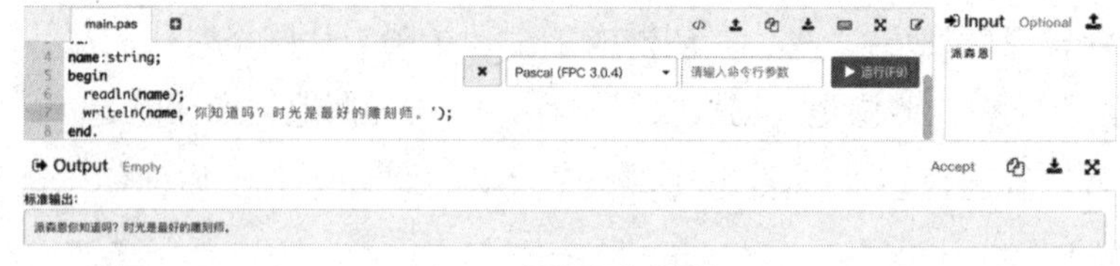

Pascal 程序运行效果

姬思木和韩青锋一言未发，毕恭毕敬地对着大门深深鞠了一躬。

第四回 青春活泼新天团，行走网络爪哇思——JavaScript：动态脚本

前面中心广场一侧出现了一座时尚的现代化摩天大楼，通体玻璃幕墙，霓虹炫彩。整个楼体从上往下就是一块巨大的液晶屏，上面滚动显示着“JavaScript”。

韩青锋说：“我曾遇见一位行走网络编程江湖的高手，人称 Java。后来，听说他去深山里隐居了。再后来，网络编程江湖的新生派 JS（JavaScript）为向前辈致敬，自称‘爪哇思’，他是目前最流行的 **Web 页面动态脚本语言**。”

派森恩说：“是啊是啊，这爪哇思（JavaScript）功能强大，用途广泛，算是编程江湖中最具青春活力的新天团。”

在两人说话的当口，巨大的液晶屏幕像钟楼一样准点报时。紧接着，一个神秘的代码文件——语言时钟程序 .html 像影子一样飘落到派森恩手上。

派森恩十分好奇，打开网页文件，真的显示出了当前的时间。

“真是太神奇了！”于是，派森恩又把“.html”改成“.txt”，用记事本打开看到了脚本代码。派森恩手痒起来，嘿嘿一笑：“锋，就让我来改成显示几时几分的格式吧！时间显示就在 h、m、s 那里。”

韩青锋面无表情地提醒他说：“改完内容保存后，要记得把 .txt 再改回 .html。”

派森恩扮了个鬼脸：“我知道，谢谢锋。”

```
#P-4-1  JavaScript 语言时钟程序 .html
<html>
<head>
<meta charset="utf-8">
<title> 电子时钟程序 </title>
<script>
function startTime(){
    var today=new Date();
    var h=today.getHours();
    var m=today.getMinutes();
    var s=today.getSeconds();
```

```
        m=checkTime(m);
        s=checkTime(s);
        document.getElementById('txt').innerHTML=h+":"+m+":"+s;
        t=setTimeout(function(){startTime()},500);}
    function checkTime(i){
        if (i<10){
            i="0" + i; }// 在小于10的数字前加一个'0'
        return i;}
    </script>
    </head>
    <body onload="startTime()">
    <div id="txt"></div>
    </body>
    </html>
```

他们继续走，继续看。

还有 GO、PHP、Python 等各式宅院，或古色古香，或现代时尚，令人眼花缭乱。

第五回 开源新贵出派森，说唱歌手秀天下——Python：扩展模块

三人跨过一座彩虹卧波般的石桥。

桥边有一个玩杂耍的，正在表演江湖上常见的“刀枪剑戟”功夫和帽子变鸽子的小魔术。人们纷纷驻足观看，津津有味地评头论足，连连喝彩。派森恩也跟着大声叫好。

可是，当卖艺人拿着铁盘讨赏的时候，只有少数几个人丢下几枚硬币。派森恩赶紧放进一张五十元的大钞，对着卖艺人窃窃私语：“二舅啊，又要辛苦您老了！”他又指指远处说：“这是木、锋和我三人的赞赏哟！”

卖艺人微笑着对远处的两人抱拳表示谢意。

不知不觉，街道上已是华灯初上。派森恩饥饿难耐：“木、锋，咱也应该打尖住店了吧？”

看姬思木、韩青锋点头赞同，派森恩便自个先跑进一家客栈。

“小二，来两间上房！木喜欢安静，他自己一间，我和锋一间就好。”派森恩摆出好大的派头，“上好的牛肉切一大盘，大碗的酒尽情拿来——”

“这位客官，抱歉，我们不是江湖小店，是五星级客栈。”小二很礼貌地，却也有些俏皮地说道。

“江湖台词嘛！”派森恩赶紧尴尬地解释。

正说着，姬、韩两位也走了进来。

“来一间上房！”这时，刚才那个玩杂耍的卖艺人也大步迈进了客栈。

住宿、就餐，闲话少说。

这一夜派森恩和韩青锋也没少聊天。在聊天时，派森恩突然萌发奇想，要在硅晶谷开一家编程武馆。一来，可以教小孩子编程，并强身健体；二来，可以结交各方好友，切磋技艺。可是，起个什么名号呢？派森恩搜肠刮肚，又与韩青锋努力回忆这一路遇到的各家各派。

“现在最流行的**编程语言 Python 开源免费，能自由扩展人工智能等各种模块**，音译正像我的名字。”派森恩突然灵光一闪。

说着说着，派森恩想起了石桥边的一群小黄鸭，津津有味地唱出几句程序来，请韩青锋在线运行。

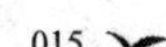

```
#P-5-1  数鸭子——在线体验程序
print("门前大桥下，游过一群鸭，快来快来数一数，二四六七八")
s=0
for i in [2,4,6,7,8]:
    s=s+i
    print(i,end=' ')
print('一共就是',i,'只鸭')
print('不是这些数字累加起来的',s,'只鸭')
```

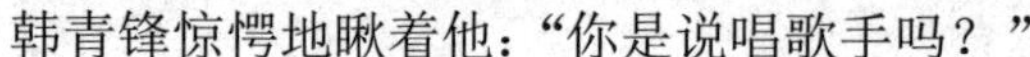

韩青锋惊愕地瞅着他：“你是说唱歌手吗？”

派森恩开心地又唱起来，几乎是一字一顿地说：“我家 Python 是开源滴，所以很包容滴，很开放滴，大家都可以来添砖加瓦滴——”

韩青锋感觉他好幼稚，何时 Python 成了他家的。不过，因为开源，谁都可以增添功能，所以他的话也有些道理。

于是，韩青锋波澜不惊地找了个在线 Python 来运行程序。看到运行结果，赞赏地点点头，说：“这效果也还不错。”

```
【运行】
门前大桥下，游过一群鸭，快来快来数一数，二四六七八
2 4 6 7 8 一共就是 8 只鸭
不是这些数字累加起来的 27 只鸭
```

“可是，到底是多少只鸭？”韩青锋疑惑地问。

派森恩得到表扬，一时很有满足感：“啊？ 8 只鸭！我曾不辞劳苦地把数累加起来算成了 27 只鸭。”

说完，他更兴奋地咕哝，什么开武馆的地址、场面，什么收多少学费等。

韩青锋戏谑地说：“你家富有，就做公益吧！”

派森恩也受到感染，迷迷糊糊地说道：“嗯嗯，对！做公益好。开武馆这事还得找我二舅定夺——”

他打鼾之前，还不忘记用说唱强调：“诸位小弟子，快来快来报名吧；报个名，学 Python，编程江湖有派森，派森带你闯江湖，吼哈——嗯呵——”

韩青锋看了一眼已经睡熟的派森恩，悠悠地说一句：“他二舅莫非是——看来说唱歌曲也有催眠功能，比数羊效果还好。”

关灯，睡觉。

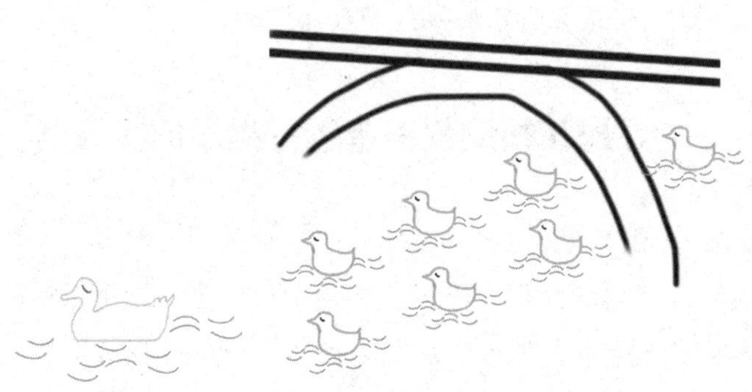

说着说着，派森恩想起了石桥边的一群小黄鸭，津津有味地唱出几句程序来，请韩青锋在线运行。

武功秘籍

话说，派森恩唱了一段“数鸭子”的程序请韩青锋在线运行。

韩青锋当时找出了好几个 Python 在线编程平台，请各位看官也把这些平台试一试，记录在自己的“武功秘籍”中。

寻找在线编程平台运行程序的实验

【实验准备】

在线编程工具的优点是不用安装计算机语言，就可以在网上进行基本的编程学习。所有人都可以从网上搜索“Python 在线编程”，会搜索到很多在线编程网站。

【实验平台】

选择一款在线编程网站平台，参考“数鸭子”程序运行实验。请特别注意，如果要输入数据，在运行程序前要先在输入窗口输入相应的数据。

【实验思考】

1. 在线编程平台中，计算机编程语言类型如何选择？

2. 在线编程平台中，运行过的程序可以保存下来吗？

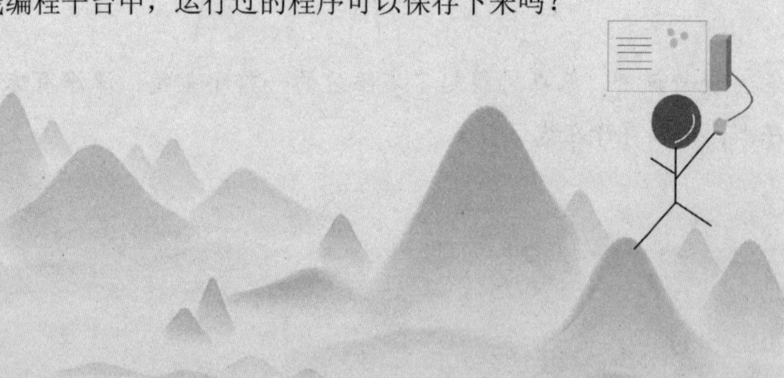

派森恩这一夜，做的梦都是开武馆。

第二天，他一醒来就喊道："锋，锋，快起来，找木研究武馆去——"

待他起身看时，韩青锋已不在。

派森恩急急忙忙穿衣、洗脸，跑去敲姬思木的门。

门是半开着的。

姬思木正坐在窗下，守着一杯热气腾腾的红茶，读着一本线装古书。

这本古书正是韩青锋小时候包裹里的那半部剑法秘籍残卷。

姬思木正打算与大家一起补充成完整的《编程武功秘籍》，以期让更多人受益。

第六回 初涉编程选武器，下载安装新派森——环境：Python 安装

派森恩轻轻走过去，坐在姬思木对面。

姬思木拿起铁铸的茶壶，给他倒上一杯热热的红茶。

派森恩刚要开口说话。

姬思木沉静地说：“我赞成开武馆，就叫‘派武馆’吧！”

派森恩觉得自己没有再说的必要，便站起身来，说道：“那太好了！我们去吃早餐吧？吃完我就出去找场地。”

派森恩正要起身，韩青锋一步迈进来。

“派大侠，我刚才跟二舅出去把地儿都找好了，只等你二舅出银子了。”

“呃？”派森恩惊掉下巴，连说：“好！好！好！一会儿就去找二舅。”

饭后，派森恩带大家去隔壁拜见那位玩杂耍的卖艺人，“这就是我的杨二舅！”

姬思木忙行礼拜见：“承蒙杨二舅照顾——”

杨二舅微笑还礼：“勿用客气，小恩还请多照应，刚才我已与韩大侠结识……”

连续两日，杨二舅带三人忙着看场地、谈价格，请人收拾场地。

第三日，晴，黄道吉日。

一大早，门前一通锣鼓响，派森编程公益学习武馆开张了。

门楣高挂金字招牌“派武馆”。

门前张贴告示：招收弟子，公益学编程，基础不限。

家长们听说编程很重要，并且孩子们暑假时间长，就当让孩子开阔视野。现场，学员名额很快就报满了，两个公益班，每班 50 人，共 100 人。再来报名的，由于场地有限，只能网上报名，进行线上学习了。

接下来，三个人又一阵忙活。

签安全责任书。免费发放装备——Python 软件。

姬思木说：“子曰：**‘工欲善其事，必先利其器。’**”

派森恩说：“对啊，对啊。安装 Python 软件，是每一名弟子的必备技能。”

派森恩立马带领弟子们开始了安装操作。

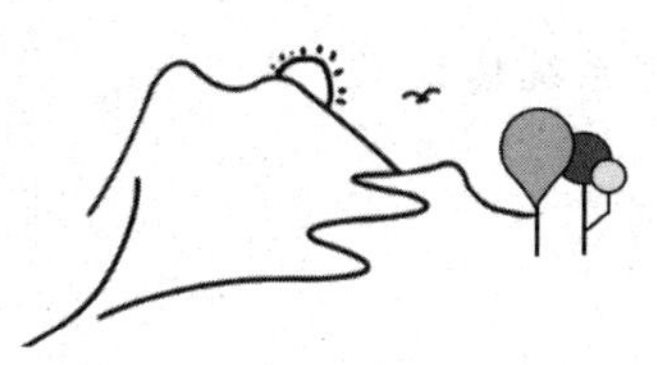

一大早，门前一通锣鼓响，派森编程公益学习武馆开张了。

【Python 安装方法】

1. 下载

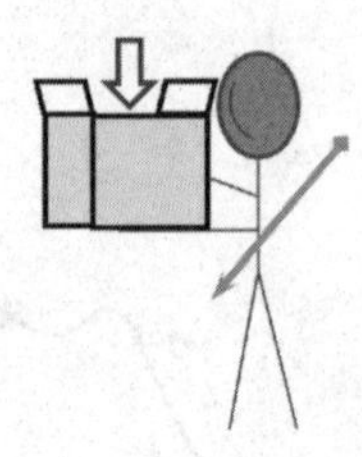

搜索 Python 官方网站，进入 Downloads 栏目，找到并下载较新版的 Python 3.11.3 安装文件。注意，要根据个人计算机的操作系统来选择，操作系统建议采用 Windows 10。

2. 安装

运行安装文件，根据提示进行安装。

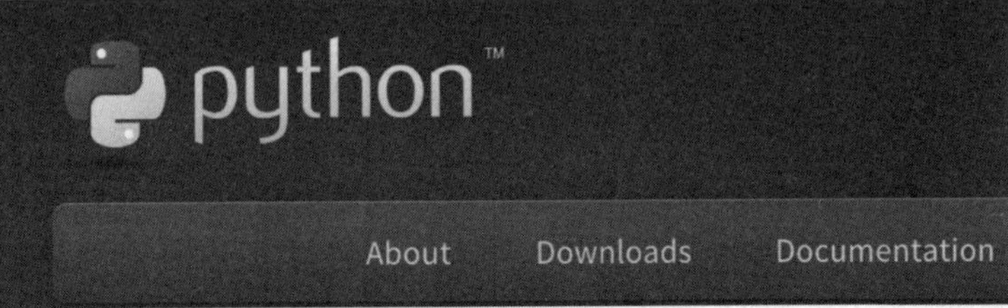

Python 软件下载界面

武功秘籍

话说，在派武馆推荐学员下载安装 Python 之时，韩青锋也提供给大家更多选择。

第三方编程器的安装

对初学者来说，使用 Python 自带的 IDLE 编程器编写程序即可。有兴趣的，可以在网上搜索 mu Python editor 官网，进入“Download”下载软件，安装并试用。也可以尝试下载、安装、试用其他第三方编程器。

最新版 mu 软件下载界面

第七回 马步套路基本功，交互程序两方式——工作：编程方式

今天，派武馆正式开课。

校场上，雄姿英发的主讲官派森恩派头十足。

“弟子们！第一课就让我们来练习编程基本功，先**扎马步——交互命令**，再**练套路——脚本编程**。”

派森恩意气风发、侃侃而谈，可让人看着怎么就像个老江湖？

“我们不想扎马步，就想练套路。”不知哪个弟子喊了一嗓子。

“练套路需要使用程序编辑器。编辑器就像刀、枪、剑、戟等不同兵器，特点各不相同，功能也各不一样。大家少安毋躁，先看看用啥武器来练套路。”

派森恩环顾四周，场子里井然有序，鸦雀无声，他却略显尴尬。

他提提气，继续努力侃侃而谈。

“Pycharm 是锐利无比、超长攻击的**尖枪**，它的功能强大，可自动更新，初学者难以驾驭。”

“jupyter notebook 是纵横捭阖、包打天下的**宝刀**，可交互设计、网上共享，初学安装不太简单。”

“在线编程平台是灵活救急的**飞镖**，不利于长期使用。”

“什么？你要选萌萌可爱的 **mu**？这个小巧直观、功能强大。”

派森恩对别人的意见连连点头，但并不影响他滔滔不绝。

面对这么多的武器，大多数弟子都看花了眼。

派森恩努力保持耐心：“初学乍练，我们先选简单、常用、锋利无比的**佩剑**——Python 自带的 IDEL，好不好？”

韩青锋抱着剑，远远望着，一言不发。

现在，进入自由讨论时间。

弟子们突然一块儿齐刷刷地跑向韩青锋。他们以为他才是大侠，派森恩只是位讲师。

大家七嘴八舌地问："韩大侠，到底啥武器好用又好学？"

"剑！"韩青锋就只说这一个字。然后，不知何时，他手上已然有一把剑。这是一把锋利无比、闪着寒光的剑，剑面镌刻"青锋"二字。

大家都赶紧后退一步。

姬思木站在廊檐下，轻摇折扇，淡淡地说："庄子在《庖丁解牛》中说：**'臣之所好者道也，进乎技矣。'**即说**研究事物的规律超过对技术的追求**。武器不必渴求。"

虽然他离得远，声音不高，但大家都听得清清楚楚。每个人都心领神会地点头认同，赶紧找自己的剑去了。

在一片纷乱中，派森恩又站上校场讲台："学我派森，先会三式，必亮人眼——"

"嚯，派大侠这会儿有点儿像武林盟主呢？"有人咕哝一句，却淹没在大家的嘈杂声中。

"隆重请出剑侠韩青锋，指导我们练功入门三式——"派森恩做一个请的姿势。

大家纷纷行动，跟着韩青锋练起来。

第一式：起势。

初学 Python，起势，就是打开"IDLE"程序编辑器。从操作系统开始菜单的程序中，找到 Python 的 IDLE 选项，单击即可。

第二式：扎马步。

扎马步，就是用 Python 的"交互命令"模式，一招一式地练习。在提示符">>>"右边输入命令或算式，按 Enter 键即可出现结果。

```
>>> 1+2
3
>>> '冲拳'*10
'冲拳冲拳冲拳冲拳冲拳冲拳冲拳冲拳冲拳冲拳'
```

第三式：练套路。

练套路，就是在程序编辑器中书写完整的程序。先执行“File-New File”，再编写程序。在运行程序时，需要保存为“.py”程序文件。

```
#P-7-1  练套路——程序
x=10
y=20

print("冲拳力量")
print("力量:",x*10)
print("力量:",y**10)
```

“哇！力量瞬间剧增？”大家被这套路的运行结果所震撼。

```
【运行】
冲拳力量
力量: 100
力量: 10240000000000
```

“下课！下课——”

派森恩自己也练累了，连忙喊大家下课休息。

下课后大伙还是抑制不住兴奋，有的在扎马步，有的在练套路。仿佛一个个都着急成为大侠似的。

为提高大家的编程武功，使其早入佳境，午饭后，派森恩挂出一个编程要诀公示牌。

【编程要诀】

1. 编程命令和标点符号要用英文字符。
2. 程序记得要保存。
3. 打开 .py 文件后，可以再次修改、运行程序。
4. 有错时，要对照提示修改，再次实验。
5. 勤学多练是入门基本法则。

看到编程要诀后，大家又来了劲头，继续操练起来。

武功秘籍

话说，韩青锋带领大家练了一个浓缩版的程序编写套路，对初学乍练的弟子来说非常有用。于是，很多人也把程序文件的基本操作当作了入门的武功秘籍。

程序文件操作

下面，以 Python 3.11.3 中的 IDLE 3.11.3 为例，说明如何进行程序文件的操作。

1. 新建程序。

执行“File-New File”，建立一个程序文件，编写程序代码。

2. 保存程序。

执行“File->Save As”保存程序文件，程序文件类型是 .py。注意：主文件名要起得“见文知义”，如“P-5-1 数鸭子 .py”，表示该程序是第 5 回中的第 1 个程序，程序内容是“数鸭子”。“.py”表示是 Python 程序。

3. 打开程序。

从“File → Open”，即可找到并打开 .py 的程序源文件。

4. 运行程序。

执行 Run 菜单中的 Run Module 项（或按 F5 键），即可运行程序。

第八回 气沉丹田调呼吸，常量变量算数据——流程：输入、计算与输出

很快，就有人急不可耐，想练更多的套路。

韩青锋说：“万事不能急，要按基本流程先练好基本功。”

派森恩问：“怎么练？”

姬思木说：“从基本的动作开始，正确呼吸，以气带剑。”

派森恩面对学员，大声宣布：“下面请锋大侠指导我们一招一式地打好基础。”

韩青锋开始讲道：“学程序，是练剑术；学算法，是练剑法；学思维，是练剑道。我们要从剑术学起，一招一式，动作要规范；一呼一吸，方法要得当。”

（一）一招一式——常量与变量

韩青锋开始讲基础的数据：“两臂的长度固定不变，出拳的距离、速度、力量可以变。不变的是常量，可变的是变量。”

派森恩说：“对，锋大侠青锋剑的剑长也是固定不变的，这 3 尺长剑的‘3’就是整型常量。”

有弟子问：“常量都是数吗？”

派森恩笑笑道：“符号也可以是常量，如‘刺抹穿挂’就是**‘字符串’型常量**。”

韩青锋说：“剑术知识，不要拘泥于名称。要想**灵活地出剑，就要使用变量**。”

“变量感觉好难，请问派大侠您这些剑招变量怎么才能使出来呢？”弟子们的热情被他调动了起来。

于是，派森恩给大家演练进步亮剑、退步亮剑，耐心地用“#”注释讲解：如 x*2 就像是进步两倍距离，亮剑出击；y/2 就像是退回一半距离，亮剑阻挡。

派森恩在跟大家一起练一个个剑术招式之前，再三叮嘱：“为提高练习效率，# 后的文字不必输入程序，仅作注解用。”

还别说，弟子小谷正忙着输入文字注释呢！幸亏派森恩及时提醒。

```
#P-8-1  数据与计算——变量、常量、表达式
x=3        # 为常量贴上变量的标签，如剑长 3 可以作为 x 的值
y=x*2      # 为表达式计算后的值贴上变量标签，如进步距离 y 是 x 的 2 倍
print(y)   # 输出变量指向的值，就像是亮剑出击
y=y/2      # 除法运算，就像是退步一半距离再架剑
             阻挡
print(y)   # 亮剑出击
y=x-y      # 减法运算，就像打出距离差、时间差
print(y)   # 亮剑势
```

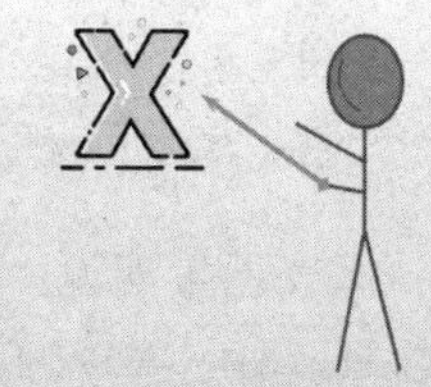

【运行】

```
6
3.0
0.0
```

弟子们一边模仿一边思考，感觉到自己的身形、步法、亮剑都在一招一式中慢慢变得自如。每个人用表达式计算数据，“剑术”开始入门，但对把这些剑招连起来的整套算法——“剑法”还懵懵懂懂。

“锋，你再教给大家一些厉害的剑法吧！”派森恩一副求知若渴的样子。

只见，韩青锋用“列表”“字符串”的新剑术演练出完美的“太极剑法”，最后还用亮剑摆出定格姿势，真是太酷了！

```
#P-8-2  自由出招——列表、字符串变量与常量
# 列表变量与常量
a=['刺','抽','劈','带','截','托',
'击','挂','抹','撩','拦','扫','点']
print('太极剑 13 式:',a)
print('亮一招剑:',a[0])  # 用列表变量就
                          可以自由出剑

# 字符串变量与常量
b='刺抽劈带截托击挂抹撩拦扫点'
print('太极剑 13 式:',b)
print('亮一招剑:',b[2])  # 用字符串变量也可自由出剑
```

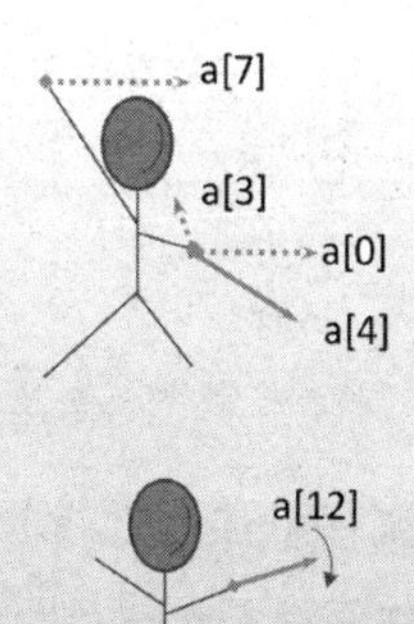

```
【运行】
太极剑13式：['刺','抽','劈','带','截','托','击','挂','抹','撩','拦','扫','点']
亮一招剑：刺
太极剑13式：刺抽劈带截托击挂抹撩拦扫点
亮一招剑：劈
```

派森恩抢着说："真好玩儿，列表和字符串都可以用变量灵活出剑，0、2是剑招编号，看来列表、字符串中的编号都是从0开始的。"

大家急不可耐地在校场上演练起"刺""抹""穿""挂"……，可没练几招就都气喘吁吁，剑力不足。

姬思木在一边看着，有些担心地说："变量只是有形的招式，更重要的是掌握数据之气的吸、运、呼，具有数据处理流程思维是最基本的'剑道'。好的剑术与剑法需用剑道搞懂其原理、过程。"于是，他指挥韩青锋用最简单的招式，演绎出以气带剑的基本流程：**先"吸气回剑——输入数据"，再"运气蓄力——运算数据"，最后"呼气出剑——输出数据"。**

（二）吸气回剑——输入数据

只见，韩青锋收剑而立，深吸一口气道："输入数据时，可以用 input( ) 函数构造输入语句。"

输入语句基本格式：变量=input('说明文字')

```
#P-8-3  吸气回剑——输入数据
x=input('刺抽劈带截托击挂抹撩拦扫点，你要用哪一招：')
```

```
【运行】
刺抽劈带截托击挂抹撩拦扫点，你要用哪一招：拦
```

派森恩热心地带领大家练吸气，刚练了一小会儿就嚷嚷起来："吸、吸、吸，憋死我了——"

韩青锋瞥他一眼，没理他。

（三）呼气出剑——输出数据

姬思木用扇柄拍拍弟子们的腹部说："不是憋气，要气沉丹田，感觉让气

息放在肚脐眼下面三指的这里。吸气是为了呼气，不是一直吸气——”

“大家看我，吸气—呼气—弓步震脚—刺剑，意达剑尖。”韩青锋给大家演示呼气出剑的招式。

场面有点儿混乱，不少人呼吸不协调，剑与气不同步，感觉很别扭。

“锋大侠一吸一呼这两招就够我们练一阵儿了。”派森恩感慨地总结道。

输出语句基本格式：print(变量，表达式，常量……)

```
#P-8-4  呼气出剑——输出数据
s='刺抽劈带截托击挂抹撩拦扫点'      # 变量赋值
print('剑招：',s)                   # 输出常量与变量
x=input('输入一招的名称：')          # 输入数据，为 x 赋值
print('看剑：',x)                   # 输出常量与变量
x1=input('输入 0-12 招的编号：')# 输入数据，为 x1 赋值
x2=int(x1)                          # 输入的是字符串，转换为整数
print('看剑：',s[x2])               # 输出常量与字符串变量的 x2 位置上
                                      的符号
```

```
【运行】
剑招：刺抽劈带截托击挂抹撩拦扫点
输入一招的名称：扫
看剑：扫
输入 0-12 招的编号：4
看剑：截
```

大家吸一呼、吸一呼地刻苦练习着，一会儿还是气喘吁吁，可韩青锋却是气息均匀，剑花飞舞。

```
#P-8-5  气息控制——字符串运算
s='刺抽劈带截托击挂抹撩拦扫点'；print('剑招：',s)
x=input('你要用哪一招：')；print('看剑：',x*3);print()
print(input(s+',你要用哪一招？')*36)
```

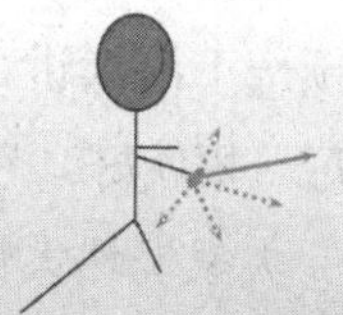

【运行】

```
剑招 : 刺抽劈带截托击挂抹撩拦扫点
你要用哪一招: 击
看剑 : 击击击

刺抽劈带截托击挂抹撩拦扫点 , 你要用哪一招? 扫
扫扫扫扫扫扫扫扫扫扫扫扫扫扫扫扫扫扫扫扫扫扫扫扫扫扫扫扫扫扫扫扫扫扫扫扫
```

“停！停！停——”派森恩连忙喊停，深喘一口长气才说，“我们气喘吁吁地跟不上。”

“韩大侠吸一口气咋能连击三剑？”弟子们很是困惑。

弟子小迪惊叹道：“尤其是韩大侠最后一招‘扫’剑，一口气用剑旋出好多圈圈，就像刮起了旋风。”

“派大侠，不是一行代码是一招吗？有的一行代码中用‘;’是怎么回事？”弟子小谷问派森恩。

“这个倒没什么，为省点地方，一行多招就可以用‘;’隔开。”派森恩指了指最后一行，说：“厉害的在最后，吸气 input( ) 放在呼气 print( ) 之内获得数据‘真气’，接着就连续出招，真是又快又多。”

姬思木轻轻一拍派森恩：“派大侠说得对，又快又多，这是因为——”

（四）运气蓄力——运算数据

派森恩一回头：“木啥时候来了？”

姬思木淡淡一笑：“韩青气行太快。print(input( )) 看着像呼与吸一起，其实是先吸后呼，中间省掉‘x=’环节，又迅速呼出来。”

姬思木继续讲解：“在呼气之前即已运气 x*3，才能连‘刺’三剑。”

“姬大侠，那 x*9 也是先运 9 次气吗？”一个弟子高兴地说。

“并非每次都要运多少次气，也可以是运行一次用 9 级功力。”姬思木停顿一下继续讲，“初学乍练不必这么快，一吸、一运、一呼，扎扎实实练好每一招就好。”

大家恍然大悟，派森恩连连点头：“咱比不得锋，他出剑快是因为功力深厚、气行得快。”

姬思木今天好像很爱讲话，又结合数学运算给大家讲运气——数据运算

的精进之道。

他说：**“表达式，就像运气方式**，不仅有 + - * / 四种运算，还有整除 //、求余 %、求幂 ** 及 int( ) 等各种函数。”

派森恩带着大家一边认真听一边扎马步，一招一式练习运行气息，积蓄数据运算的功力。

```
>>> 21212+32331
53543
>>> 2**8
256
>>> 9**0.5
3.0
>>> 7//3
2
>>> 7%3
1
>>> 7%2
1
```

好学的小迪偷偷地问：“派大侠，2**8 是求幂的乘方运算，能得出 256。可 9**0.5 怎么又小了，变成 3 了？”

派森恩牛起来：“这 **0.5 嘛，算是开 2 次方，可以看作$\frac{1}{2}$次幂。”

小谷也怯怯地问：“派大侠，那为什么 7%3、7%2 都是 1？”

派森恩晃着脑袋道：“这是高明的剑术，% 是求余数，7 除以 2 或除以 3 都余 1 的啦——”派森恩最后的“啦”音拉得足够长，说完一摇一摆地走出校场。

小迪和小谷面面相觑。等派森恩胖胖的身板摇摇摆摆走远，小迪笑了一下道：“韩大侠来了，听说他的‘函数’剑法中有一绝招‘断舍离’。求他让咱们开开眼吧？”

韩青锋从不保守，不论谁属下的弟子只要积极求教，他都认真演练一番。

青锋剑轻轻上撩，韩青锋使出“舍”招——round(x,2)，只见小数哗啦哗啦掉落一地。

青锋剑猛然下截，韩青锋使出“断”招——int(x)，小数全部被齐刷刷从小数点斩断。

```
#P-8-6  断舍离——小数位处理
x=3.141592653589
print(x)

y=round(x,2)      # 保留小数位的函数
print(y)

y=int(x)          # 取整函数
print(y)
```

```
【运行】
3.141592653589
3.14
3
```

韩青锋耐心地给弟子们讲起来。

“舍，保留有效位数的小数。要有志气，懂得舍弃不必要的利益。比如，x 指向一个带小数的浮点数，可用 round(x,n) 函数保留 n 位小数。”

“断，完完全全去小数。要有志向，懂得斩断不良习惯。当然，int( ) 也要用得准确。”

小迪好奇地问：“韩大侠，数学上有四舍五入，那小数位后有 5 怎么办？”

韩青锋略一沉气说：“回头你俩试试 round(3.25,1)，round(3.35,1)，看 5 左边有偶数、奇数结果有啥不同。”

姬思木走过来点拨他们：**“不拘知识，重在思维，方悟剑道。”**

（五）沉气存实力——用文件存储数据

韩青锋讲完“函数”剑法“断舍离”，意犹未尽。

韩青锋给大家示范气沉丹田：“先吸一大口气，慢慢咽下。自己感觉气到了胸，慢慢再到腹，再到肚脐，沉到肚脐下面三指处有一个叫‘丹田’的穴位。”

“这时候，是不是感觉腰部很有力。出招的时候，再突然呼出来。”

“劈剑、刺剑时，同时呼气，爆发力就有了。大家一定要慢慢练，不能急。”

“专业技能需要在专业体育老师指导下练习。”突然，派森恩远远地大喊起来。不知啥时候，派大侠竟然又回来了。

韩青锋看了他一眼，继续讲解用文件更好地保存功力的方法：“用 open( ) 打开文件，写入数据时用 f.writet(x) 代替 print(x) 就可以。等读取文件中的数据时，再用 f.readlines( ) 完成。”

派森恩忍不住连呼：“不错，不错！幸亏我早回来一步，要不然真吃亏了。”

“我刚说的仅是‘文件存储’剑法要诀而已！还得由你来带领大家练习文件存储的‘剑术’真功夫。”韩青锋说完，就拉着姬思木走开了。

派森恩非常高兴，剑随气行，认认真真地带领大家练起‘宝剑归鞘，放马南山’一样的文件存储武功来。

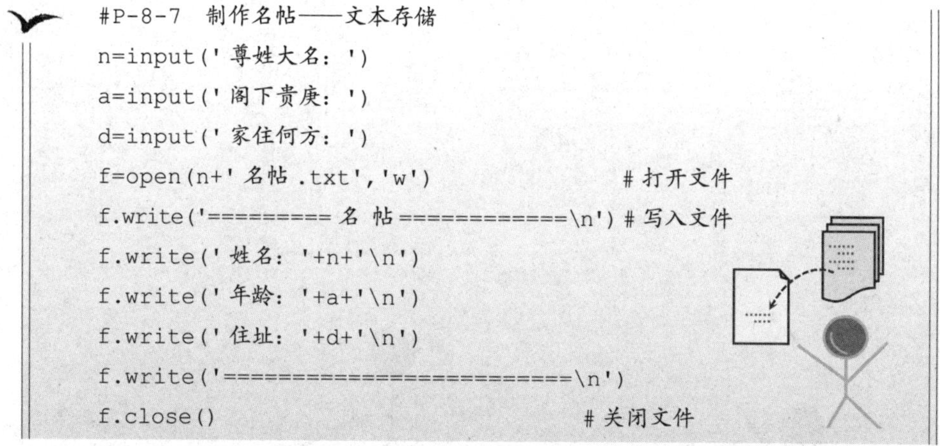

```
#P-8-7  制作名帖——文本存储
n=input('尊姓大名：')
a=input('阁下贵庚：')
d=input('家住何方：')
f=open(n+'名帖.txt','w')                          #打开文件
f.write('=========名 帖============\n') #写入文件
f.write('姓名：'+n+'\n')
f.write('年龄：'+a+'\n')
f.write('住址：'+d+'\n')
f.write('==========================\n')
f.close()                                         #关闭文件
```

小谷刻苦努力地练习后，发现在存程序的地方已经有了一个“小谷名帖.txt”文件，打开一看，正是自己的名帖。

大家羡慕得不行，都赶紧去做自己的名帖。

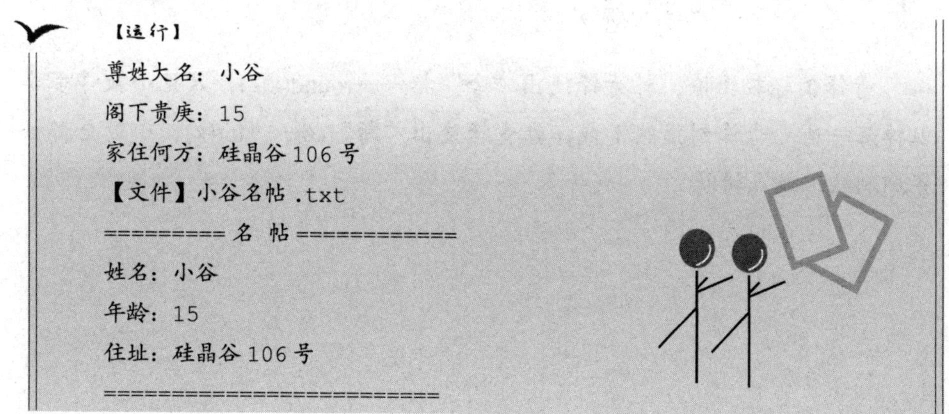

```
【运行】
尊姓大名：小谷
阁下贵庚：15
家住何方：硅晶谷106号
【文件】小谷名帖.txt
=========名 帖============
姓名：小谷
年龄：15
住址：硅晶谷106号
==========================
```

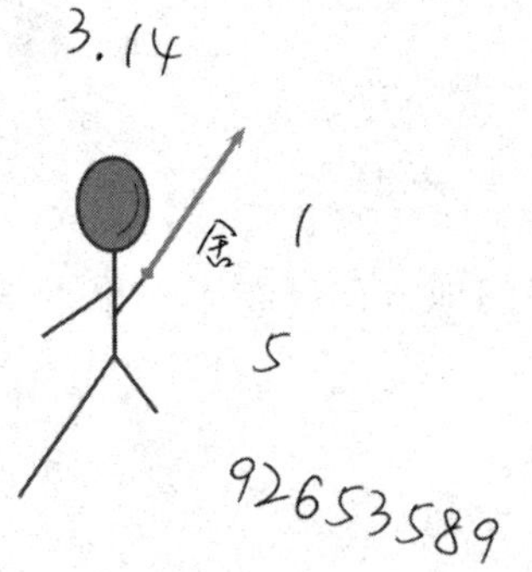

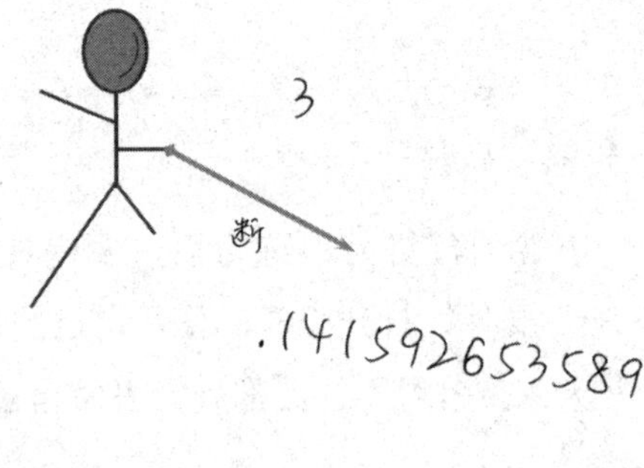

青锋剑轻轻上撩，韩青锋使出“舍”招——round(x,2)，只见小数哗啦哗啦掉落一地。青锋剑猛然下截，韩青锋使出“断”招——int(x)，小数全部被齐刷刷从小数点斩断。

武功秘籍

话说，派森恩带领大家练习运气行剑时，遇到了多种气息——数据类型，他与弟子们一一记录在武功秘籍中供以后查用。

数据类型有什么用处

根据数据的不同特性进行分类，可以更方便地存储与处理数据。编程中常用的数据类型包括字符串型，数字型（整型、浮点型），布尔型等。

1. 字符串型

如'张三'"15613700000"'大雪山区天山路2100号'等姓名、电话号码、地址等，用''或""引起来的数据都是字符串型数据。它们可使用 input( ) 输入，用 print( ) 输出，还可以用 + 相连，用 *n 重复等。

2. 数字型

如 15、162、70.2 这样的年龄、身高、体重数据，是数字型数据。可用 int( ) 把输入的字符串型数字转换成整型数据，可用 str( ) 把数字转换成字符串，也可用 float( ) 把输入的字符串转换成浮点型数据。

3. 布尔型

Ture、False 这些表示真、假的值，是布尔型数据，可通过 a<b、a==b、a!=b 等关系表达式产生；还可用 a<b and a>c、a<b or a>c、not a<b 等逻辑表达式得到。

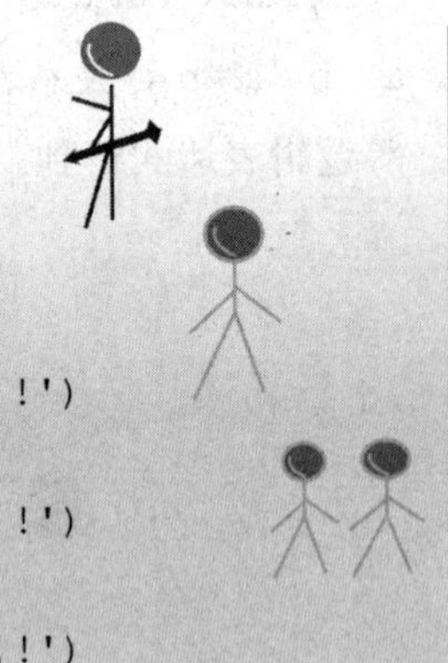

第九回 代码缩进须整齐，排兵布阵讲规矩

——编写：代码缩进对齐

傍晚，一轮又圆又红的夕阳只在连绵的西山顶上挂一小会儿，很快就藏进深山，只剩一抹红彤彤的余晖染红了云彩。

这时候，弟子们还在里三层外三层地围绕着派森恩练剑术，学剑法，悟剑道。

派森恩练得大汗淋漓，口渴得要命，好不容易挤出去。

派森恩悻悻地、一摇一摆地去找姬思木诉苦：“大家练习十分投入，不管队形，乱哄哄地挤成麻团似的，真愁人。”

姬思木放下正在读的《编程武功秘籍》，认真听他把事情的来龙去脉说完，深有同感地说：“写代码最怕一个‘乱’字。因为乱，就会影响思维，经常出错，没有效率。”

派森恩又去找来韩青锋，与姬思木商量办法。

姬思木让他俩坐下，把那本秘籍拿起来，指着“排兵布阵”那一页，说：“这里有一个基础阵法，叫‘缩进’。”

缩进是一种代码分级别的“语句块”排列。

就像一个兵团，下面有一个个的营；每营下面还有排，排下面还有班。就这样分级、分层，整齐、规矩，行动起来更有领导力。

第二天，小班长们带领队伍步伐整齐地进入练兵场，按团队站位，根据场地和队伍人员每降一级右跨四步（空四格）或者两步，队伍一块一块地“缩进”对齐，阵型层次分明、整整齐齐。

派森恩迈着夸张的步伐巡视，看着“缩进”阵法，心满意足。每一个队伍还都有自己极具特点的口号，真心不错。

```
#P-9-1  排兵布阵——缩进对齐
bj=input('你哪班的？')
xb=input('请报性别：')
if  bj=='一班' or bj=='1 班':
    if xb=='男':
        print('一班男子汉，不怕流汗，勤学苦练！')
    else:
        print('一班女英雄，坚持坚持，勇往直前！')
else:
        print('向一班学习，努力训练，众志成城！')
```

刚开始练习“缩进”阵法时容易出错，有时同级对不齐，有时层级分不清。派森恩和韩青锋不厌其烦地去拉拉这个，推推那个，大家慢慢地变得很整齐。

实践出真知，瞧这些班长们很有办法：**有的写好内容，再用 TAL 键去卡好位置——缩进更标准、更整齐；也有的用注释符号“#”当小旗——在右面加个解释，说明用途，清晰又规矩。**

于是，队伍越来越整齐，行动越来越有序，效率也越来越高。没到太阳落山大家就都高质量地完成了队列队形的练习。

派森恩跟着姬思木和韩青锋，悠闲地爬上阁楼，共赏夕阳落山。

武功秘籍

话说，派武馆的“缩进”阵法让训练秩序焕然一新。之后，姬思木又制订出一些练功规则，在校场里挂出了告示，好让大家练得清楚明白。

设计易读程序的几个规则

我们在编写程序的时候，要尽量写得清晰、易读，别人看起来容易，自己发现错误也容易。下面是设计易读程序的几条规则。

1. 变量清晰。变量名易读易懂，可使用简短单词、拼音或字母与数据组合，如 book=[]。在 Python 中，变量名以字母或下划线开头，不以数字开头；变量名可包含字母、数字和下划线，但不包含其他字符；变量名可用下划线分隔字符。如 smallhouse_2023。

2. 缩进对齐。代码要严格缩进、对齐。

3. 使用注释。在每个相对完整的功能程序块前，使用前有 # 或前后均有 ''' 标记的“语句行”方式说明。在重要的程序语句右面用注释符号 # 标注功能。

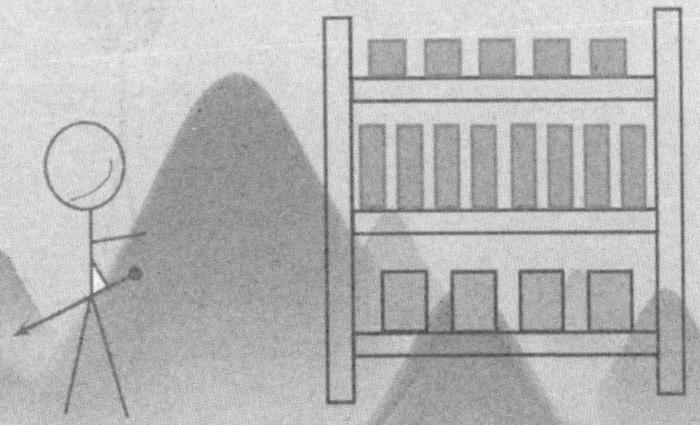

4. 功能模块化。每一部分的功能相对独立，易编易用。如可用自定义函数划分独立的功能模块，减小主程序的规模，也方便多次重复使用该模块。

第三章 秘籍之中悟思维，猎猎风中舞战旗

天刚蒙蒙亮。弟子们还都在梦乡中。

平时，韩青锋醒得本来就早，今天他起得更早一点儿，闪电一样穿衣、背剑，飞奔校场。等他奔到讲台的时候，眉头不禁慢慢皱起来。

校场里黑压压一片活蹦乱跳的动物，有的扯旗，有的敲盆，有的舞枪弄棒。韩青锋怀疑地揉揉双眼，分明看到一群猴子。猴子们正在校场上快乐地手舞足蹈。有的猴子还龇牙咧嘴地对他做鬼脸。

他刚要抽剑，却发现剑早已不见。

一群小猴立即簇拥过来，围着他转。有的猴子扯他的衣服，有的猴子拉他的手，还有两只小猴子张着两只胳膊要抱抱。

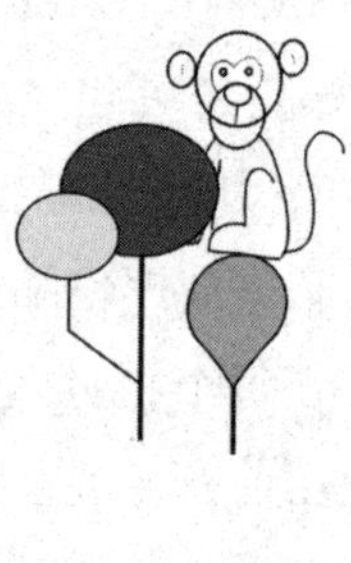

第十四 问题分解大化小，各个击破巧分割——分解：分组解决问题

“哇！这得有多少只猴子啊？”韩青锋冷峻的脸上挂着一丝无奈。

突然，他发现了一个奇怪情景：不远处的一只大猴子正拿着他的剑在玩耍。

（一）分解猴群

这时，派森恩来到校场。他一边打着呵欠一边走着，边走还边念叨：“瞧，我前面有 7 只猴；瞧，我后面有 8 只猴。我们这队共有几只猴？”

韩青锋这时眼睛瞪得更大，看着气派十足的派森恩，居然像个猴王一样走在一队猴子的中央，肩膀上还骑着一只可爱的小猴儿。他不禁思索起来：这到底有几只猴？韩青锋冷峻的脸上居然第一次露出一丝笑容。

真是让人大开眼界，姬思木也来了，怀里还抱着一些香蕉，另一群猴子把他围得水泄不通。

姬思木笑呵呵地说道：“武馆开业时，也没见你们来凑热闹，今天来也是喜事。排队的每猴 1 根香蕉，不排队的两猴 1 根香蕉。我手里只有 10 根香蕉，先给排队的分，分完为止哦。”

说完，有 8 只猴子突然就很听话地排起长队，还有几只冥顽不化的猴子吵吵闹闹、东扯西拉地不排队。看不出这群猴子总共有多少只。

姬思木在认真地分香蕉。韩青锋想跑过去帮忙指挥排队。姬思木远远地对他轻轻摇头，他心领神会地停下脚步。

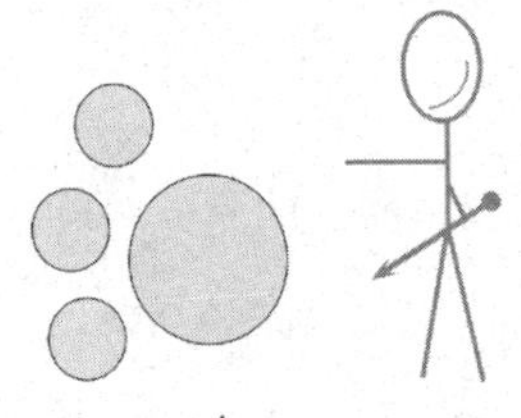

群猴大占校场的事件，直到太阳高升才结束。猴子们貌似很听话的样子，排起两队，很有秩序地离开了武馆。

韩青锋的宝剑呢？正孤零零地挂在旗杆顶上。他也不生气，轻轻几跃，顺着旗杆上去把宝剑归鞘，又轻轻落地，悄无声息。

吃早饭的时候，群猴占校场、智退猴群的故事已经传开。大家正议论纷纷，派森恩一来，大家立即失语一样，全场寂静。

派森恩笑嘻嘻地说：“继续说，没关系，大家准备好事件中的问题和答案，今天上课有竞答奖品，并且姬大侠还会亲自给大家讲战略课。”

“哇！”炸窝了。

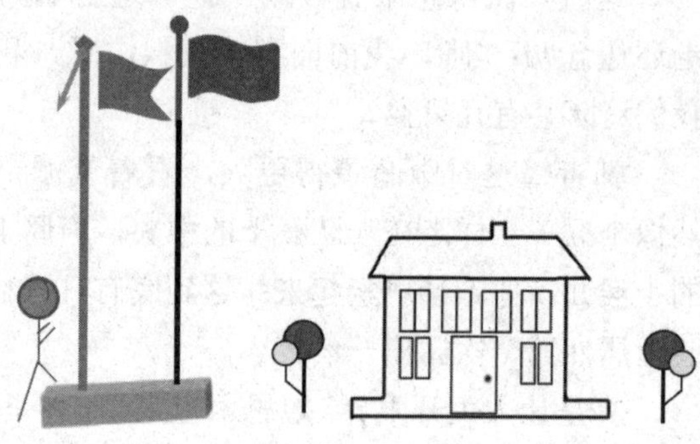

韩青锋的宝剑呢？正孤零零地挂在旗杆顶上。

今天的课果真由睿智的姬思木给大家讲。

他依然是一副清清淡淡的样子，侃侃而谈：“**遇到一个大问题，首先要分析能不能‘分解’成多个小问题，分而治之，各个击破，此乃‘计算思维’的第一剑道。**”

“哗——哗——”掌声热烈。

“请安静，学习不用总鼓掌，用心为上。”姬思木用扇子在空中压压气氛。

“嘘——”这掌本来就是派森恩带头鼓的，这回他只好又做个手势让大家静下来。

“今天早上，群猴突然来访。这些猴子大概有两个群体。一群爱热闹，派森领它们做游戏；一群爱吃，我拿香蕉稳住它们。这样，就顺利地把一大群猴子的大问题，分解成两群猴子的子问题。”

大家都暗自佩服这个“问题分解”思路。

“再继续分解这两个子问题。派森这边，带领一队猴子做游戏，大家想一想他这问题又是怎么分解的？”

“分成两个问题，前面 7 只和后面 8 只。”小谷脱口而出。

“不对，不对，明明派大侠肩膀上还骑个猴。”小迪反对。

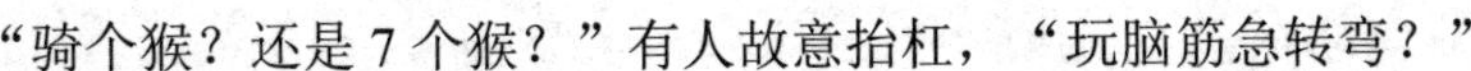

“骑个猴？还是 7 个猴？”有人故意抬杠，“玩脑筋急转弯？”

派森恩看到大家讨论热烈，有人叫他大侠也很开心，刚要带头鼓掌，想到姬思木说的“用心为上”，举起来的巴掌又落了下去。于是，自豪地说：“大家说得真不错，讨论出真知。第一群猴子这个子问题又可以分解出三个小问题：前、中、后各多少只猴。”

大家纷纷点头，原来第一群猴子的计算方法可以是三个小问题的答案，即 **7+1+8，共有 16 只猴子**。

（二）猴子分香蕉

“我们再看群猴分香蕉这个子问题怎么继续分解。”姬思木耐心地在黑板上写起来，边写边说：“群猴分香蕉这个子问题，可以分解出第一个小问题，排队的猴子，一猴分 1 根，用掉 8 根香蕉，共有 8 只猴子；第二个小问题，

用剩下的 2 根香蕉去分，1 只猴子分半根，共分给 4 只猴子；最后一个小问题，发现还有 3 只猴子没分到香蕉。”

大家都明白了这三个小问题，即第二群猴子的计算方法是 **8+4+3，共 15 只猴子**。

“呀，只剩下 3 只猴子没有香蕉，好可怜——”派森恩有些于心不忍。

“这是计策，以后猴子就能自觉排队了。”韩青锋突然又冷酷无情起来。

“哦，只分到半根的 4 只猴子，以后也会积极排队吧？如果都排队了，我再去拿香蕉来。”派森恩摸摸头。

“这叫分而治之？”弟子小迪问道。

“这叫各个击破？”弟子小谷也问。

“你们说的都对。更重要的是，我们要瓦解大猴群，分解成小猴群，驯化这些猴子，让它们守规则。”派森恩终于明白了。

姬思木轻轻点点头，没有继续说。大家都跟着略有所悟似的点点头。

为此姬思木还特地教大家画图分解问题，从下往上推，更容易得出总结果。

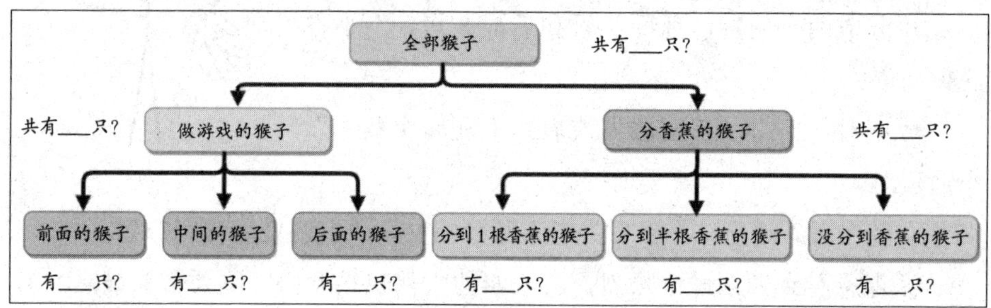

猴子问题分解示意图

韩青锋挥动宝剑演示一番问题分解的程序，派森恩等大家看完后也赶紧地去组织分组讨论程序的结果。

```
#P-10-1  猴子分群——问题分解
# 问题 1：做游戏的猴子
a=int(input('输入前面的猴子数：'))
b=int(input('输入中间的猴子数：'))
c=int(input('输入后面的猴子数：'))
g=a+b+c
print('做游戏的猴子共有',g,'只')
```

```
# 问题 2：分香蕉的猴子
x=int(input('输入分到 1 根香蕉的猴子数：'))
y=int(input('输入分到半根香蕉的猴子数：'))
z=int(input('输入没分到香蕉的猴子数：'))
m=x+y+z
print('分香蕉的猴子总数：',m,'只')

# 合计：
print('猴子共有',g+m,'只')
```

“分解”就是把问题分解成更小部分的子问题的过程。这些更小的部分还可以分解成更小的问题分别解决，让问题解决变得更容易。分解的道理是学会了，可大家也在心中暗暗担忧：“明天，这些猴子会不会还来闹呢？”

武功秘籍

话说，姬思木教给大家问题分解后，派武馆兴起了一股“分解”风。瞧，写作时大家要分解写作文的流程（细化法），洗衣服时要分解不同类别的衣物（分类法）……

怎样分解问题

我们在学习、生活中，都会用到“分解问题”这样的技巧，即把一个大问题分解成若干子问题来逐个解决，常用的有细化法、分类法等。例如，“吃早饭”这件事可以细化分解成“做早餐”“吃早餐”“洗刷餐具”等不同的子问题。下面列举几个大问题，请选择其中一个问题尝试分解出子问题。

问题 1：写作文

问题 2：洗衣服

问题 3：去公园

第十一回 化繁为简抓特征，抽象量化建模型

——抽象：量化数据模型

天刚蒙蒙亮。

韩青锋心里有事便再次早早醒来，忍不住想去校场看看。

他来到校场的时候，果然又被惊呆了。

（一）猴识简笔画

猴子们又早早地来了。这次它们居然整齐地分成两大队，虽然有站的，有蹲的，还有的匍匐在地，但还算整齐。

每队前面的猴王竟然还装扮一番：左边爱做游戏的那队，猴王戴着一顶小丑帽子，一副顽皮相；右边爱吃香蕉的那一队，猴王头上倒挂笔筒，像个落魄书生。

猴子们老老实实排着队，跟在各自猴王后面。看韩青锋走来，都纷纷招手让他过去。

韩青锋紧一紧装束，正想过去。结果又大吃一惊。伸手时，发现自己的青锋剑竟然又不见了。他赶紧向旗杆望去，只见那儿红旗飘飘，却没见自己的剑挂在上面。

于是，他三步并作两步走，去猴王那里问他的宝剑何在。

两位猴王貌似听不懂他说的什么，只是吱吱呀呀地手舞足蹈。猴子们也许以为他要发香蕉，只把手伸得长长的，仿佛在说："快发香蕉，拿来！拿来！"

啪！一只猴的手被打得缩回去。不知何时派森恩来了，他气呼呼地说："伸什么手，快把韩大侠的宝剑还回来——"

猴王缩回手去，仍然左顾右盼，没有什么反应。

"快——还——剑！"一大帮弟子也跑过来。

"不还剑，别说没有香蕉，小心继续打你们手掌。"小迪在责备猴子们。

"乖，快把宝剑交出来，不然真打屁股了。"小谷假装做出打屁股的手势。

今天早上，大家都预料到猴子们会来，也都早早起床赶忙跑到校场，见韩大侠的剑又丢了，都围住猴群左哄右吼地帮腔。

可是，猴子们虽然有点儿害怕，但好像并不知道发生了什么。看着昨天人们还跟它们嘻嘻哈哈，今天却突然变脸，面有窘相。也有的猴子很不耐烦，两手捶胸，嗷嗷叫着。

这时，有几个弟子簇拥着姬思木过来。姬思木用扇子轻轻拨开人群，再用手拍拍韩青锋，又拍拍两只猴王，慢慢说："遇事要冷静，事出必有因。"

姬思木让人找来一张纸，当着猴王的面画了一把宝剑和一根香蕉的简笔画。他指指宝剑，指指旗杆，又指指香蕉。

昨天正是一只猴王偷走宝剑挂在旗杆上。今天它瞅瞅宝剑图，又瞅瞅香蕉图，直用手去抓香蕉，竟把纸抓出几个窟窿。

大家看到这样，又吼："还剑！还剑！"

姬思木举举扇子，制止大家，让人把准备好的香蕉取来，分给猴子。

猴子们拿到香蕉，都急不可耐地剥皮大吃起来。两只猴王却没有吃，它们相互地看看，把香蕉丢给其他猴子，几乎同时"吱"一声叫，丢盔弃甲地逃出人群。

猴子们也纷纷扔下香蕉皮，分头冲出人群，跟着各自的猴王跑了。

剩下一群人，面面相觑。片刻宁静之后，又突然咋呼起来。

"肯定是这群猴子偷的剑。"

"畏罪潜逃。"

"这群强盗！报官！让森林捕快端了它们的老窝！"

"可是，我们韩大侠的宝剑丢了，说起来也丢脸。"

"也是，话说这派大侠怎么安排的安保？"

派森恩看大家把火向自己身上引，就赶紧喊停，让大家吃饭去。说起吃饭，大家还是愿意暂时忘记这丢剑的不愉快，纷纷咕哝着去了餐厅。

留下一脸通红的韩青锋和一脸尴尬的派森恩。

姬思木沉吟片刻，慢悠悠地说："看样子，猴王都能看懂我画的图。"

"它能识图？"

"它既然能认得香蕉图，又偷过宝剑，极可能也认得宝剑图。"

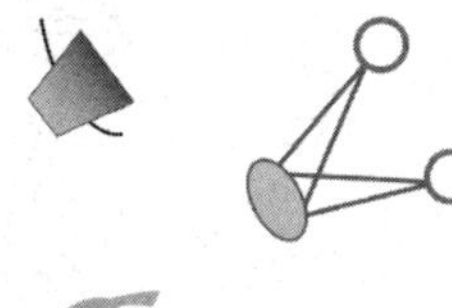

"嗯，有道理。"

"先去吃饭吧。"

吃过早饭，姬思木开始教大家画简笔画。大家都不理解为什么要学画画。

姬思木说："绘图最能练习如何**抓住事物特征，抽象出特征要素，对解决问题至关重要。**"

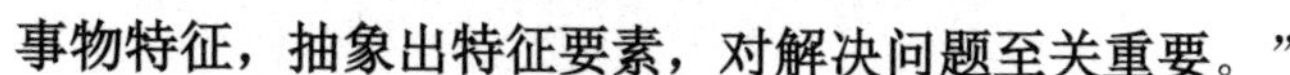

于是，大家开始忙活起来。

有的画房子：两面平行四边行的墙、一个方形窗户、一个三角屋顶，齐活。

有的画车子：一个矩形车体，两个圆轮子，齐活。

……

大家兴致盎然地像小孩子一样描描画画，非常投入。

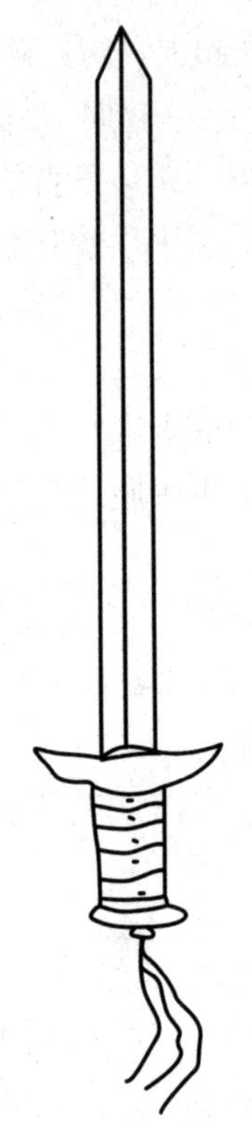

姬思木让人找来一张纸，当着猴王的面画了一把宝剑和一根香蕉的简笔画。他指指宝剑，指指旗杆，又指指香蕉。

（二）山林跟踪

吃过午饭，大家就都去睡午觉了。

只有韩青锋一个人坐在院子里。因为丢了剑，他也睡不着，看着蓝天白云发呆。实在太无聊，他就从身边折了一根狗尾巴草放在嘴里，左右摇摆。

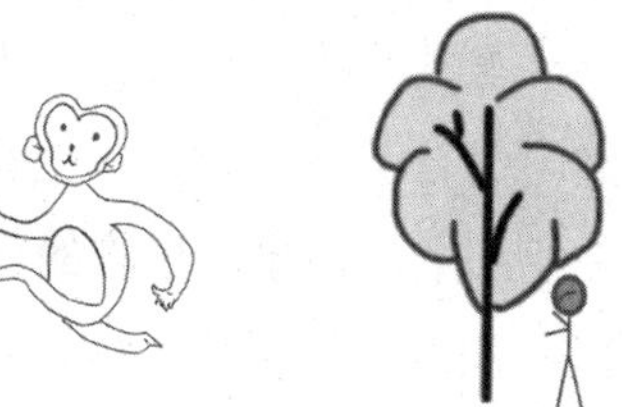

突然，他看见一个毛茸茸的头在墙那边一露，又缩回去。他立马跳起来，把狗尾巴草一扔，轻轻一跃追出墙去。可等他出来的时候，发现远处树后有一只猴子，就继续追去。

平时，韩青锋能跑善跳，这次却追不上这只小毛猴。不一会儿，他就追进了山里。他从小在山里长大，岩石、树林、小河等都不能让他放慢速度。可是，他还是追不上猴子。

不一会儿，他就来到一个悬崖边，前面再没有路，猴子也不见了。他探着身子往下看，只见悬崖半空有一个平台，平台上站着几只雄鹰。

其中，一只雄鹰在对另外几只雄鹰说着什么，时不时地拍打一下翅膀。在它展翅的时候，韩青锋发现他的宝剑就在那群雄鹰的翅膀下面，在阳光下反射出青锋剑特有的寒光。

韩青锋冷静下来，想了想，认为不能贸然下去。毕竟山鹰是猛禽，又有这么多只，一个人下去肯定是有去无回。于是，他轻轻地转过身，往山下走去，一路做好标记。

当他回到武馆的时候，已经是夕阳西下。好多弟子都在大门外等他。

派森恩跑过来抱住他，不住叨叨大家担心死了，拉他进去见姬思木。

姬思木正端坐着读书，见二人进来，放下书，倒了一杯热茶递给韩青锋。

韩青锋接过茶，没喝也没说话。

姬思木说：“你把路线画下来吧。”

派森恩说：“画啥路线？”

姬思木说：“我相信韩青已找到地方。”

韩青锋喝了茶，取过纸笔，一边画路线图，一边说：“找到了。我们可能冤枉猴子了。它们读得懂剑图，找到地方后派一只猴子来引我去看。”

说话间，一张白描的路线图已经画好。

派森恩接过路线图，说：“这一路上有河，有林，有山，锋够辛苦的，还危险，以后可别一个人去。”

姬思木抿一口茶，放下茶杯，点点头：“对，要智取，勿鲁莽。能把路线探好，也省了不少力。”他指指路线图继续说：“要描述事物，首要的是忽略不必要细节，**抽象出事物的特征**。”

派森恩连忙说：“怪不得让我们学画画，原来为了抽象特征啊。还是锋大侠画得好，看这山，就这几笔却不会被认成是河；看这河，就这么随意勾勾也不会被认成是山……”

姬思木满意地笑笑：“对抽象，你很有心得。这山有高度、树林密度，河有宽度、水流速度，都可以抽象后形成不同‘类’，以此描述任意的山或河‘对象’，更方便设计爬山、渡河的‘方法’。秘籍中有这么个程序，看着难，其实并不难。”

```
#P-11-1  山的类与对象——抽象事物
class Shan:                          # 为山定义类
    def__init__(self, h, v):         # 山高度、林密度的参数
        self.h = h                   # 设置山高度属性，值为传入的 h
        self.v = v                   # 设置林密度属性，值为传入的 v

    def Shan_p(self):                # 根据属性值设计处理方法
        if self.h>100:               # 如果山高度高于 100
            print("山高", self.h, "米，山较高，要注意携带登山杖。")
        else:                        # 山高度不高于 100
            print("山高", self.h, "米，山不算高，也要注意寻找合
适的路。")

        if self.v in '茂密林密林多': # 密林、林密、林多等情况
            print(self.v, "，注意判断方向，防止迷路。")
        else:
            print(self.v, "，注意山路状况，防止滑倒。")
```

```
    print('第 1 座山的情况：')
    Shan1 = Shan(360, "林密")                  # 创建类的对象 Shan1，传入属性参数
    S h a n 1 . S h a n _ p ( )
# 调用类的方法 Shan1.Shan_p

    print('\n 第 2 座山的情况：')
    Shan2 = Shan(80, "林少")
    Shan2.Shan_p()
```

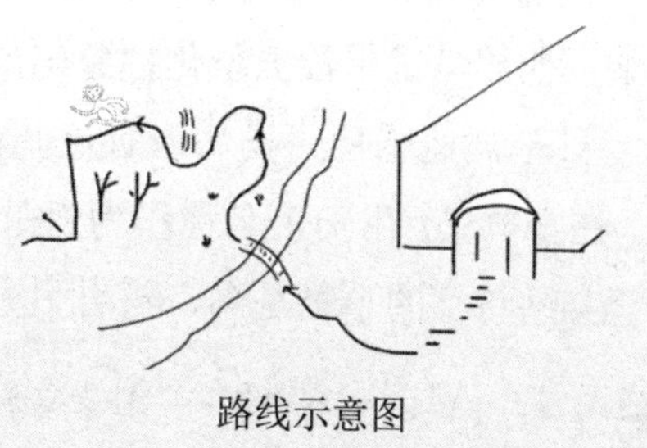

路线示意图

【运行】

```
第 1 座山的情况：
山高 360 米，山较高，要注意携带登山杖。
林密，注意判断方向，防止迷路。

第 2 座山的情况：
山高 80 米，山不算高，也要注意寻找合适的路。
林少，注意山路状况，防止滑倒。
```

等大家看完抽象事物特征属性——类的程序，姬思木话锋一转：“派森，鹰偷剑事件不用画也能抽象吗？”

派森恩一脸懵。

韩青锋往前一步：“我也读过那本秘籍。按书上说，是不是可以这样描述偷剑事件：被偷的物体属性是剑，记作 x；偷盗的方法，记作 f；在山崖找到剑，记作 y。连起来就是，x 被 f 作用后结果为 y。”

姬思木连连点头：“说得很好，事件过程可以抽象出相关的特征、行为并量化成数据，形成如 y=f(x) 的数学模型来描述。这个可是‘计算思维’的剑道精髓，容以后再说。先去吃饭。”

派森恩这才放松了面部肌肉，由衷佩服这两位大侠，赶忙去张罗晚餐，好好款待辛苦的韩青锋。

“哎呀，一日三餐辛苦二舅了，晚餐都是一荤两素一汤一水果。”派森恩边走边叨叨着，“每餐样式不一样，食材搭配也不一样。我得空得抽象出

来这三餐的‘类别特征’，让我二舅轻松搭配。二舅啊，您就瞶好儿吧！”

月光皎洁，虫鸣林野，天地之间无比幽静。

只有韩青锋还在挑灯研读秘籍。一来，他想寻找自己剑鞘锁扣的缺陷；二来，他想尝试用**数据量化抽象出的事物特征，建立一种数据模型。**

只是，他感觉‘类’还有点儿难，先做一个“字典”来存储事物的特征吧。在字典里，用一个名称作为索引，后面的列表可以罗列很多特征数据。如，符合某些特征的事物是鸟，符合另一类特征的是树。

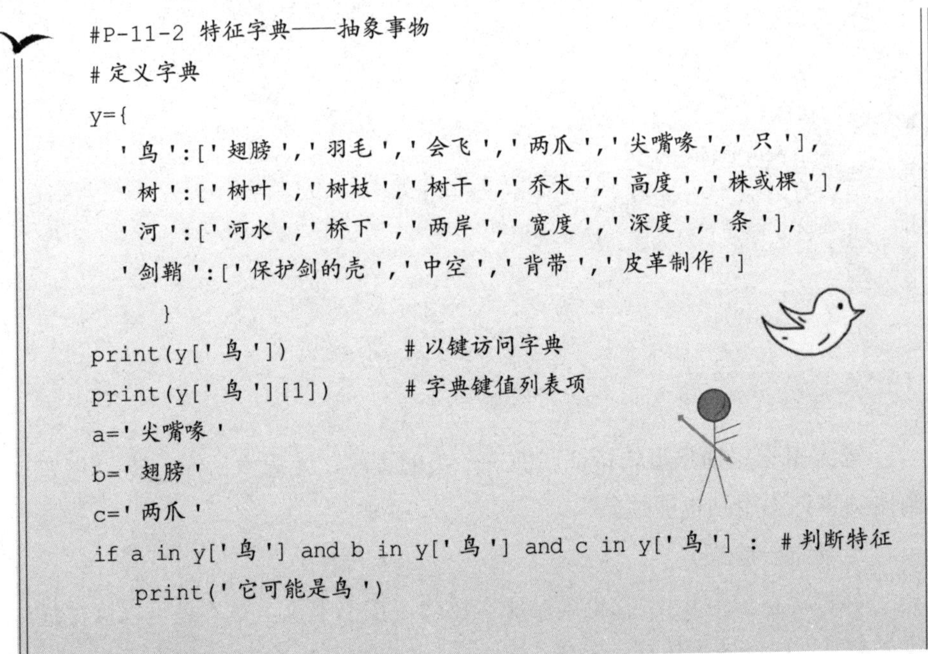

```
#P-11-2 特征字典——抽象事物
# 定义字典
y={
  '鸟':['翅膀','羽毛','会飞','两爪','尖嘴喙','只'],
  '树':['树叶','树枝','树干','乔木','高度','株或棵'],
  '河':['河水','桥下','两岸','宽度','深度','条'],
  '剑鞘':['保护剑的壳','中空','背带','皮革制作']
    }
print(y['鸟'])            # 以键访问字典
print(y['鸟'][1])         # 字典键值列表项
a='尖嘴喙'
b='翅膀'
c='两爪'
if a in y['鸟'] and b in y['鸟'] and c in y['鸟'] : # 判断特征
   print('它可能是鸟')
```

【运行】

```
['翅膀', '羽毛', '会飞', '两爪', '尖嘴喙', '只']
羽毛
它可能是鸟
```

“能不能为寻剑之行做一个‘字典锦囊’呢？”想着想着，韩青锋趴在桌上睡着了。

窗外的虫鸣停止喧嚣，月亮藏进了云层……世界彻底归于寂静。

武功秘籍

话说，姬思木说需要用特征来描述事物，派森恩领悟半天，就当解数学应用题来理解，虽不全面，但也大有帮助。于是，他把这个体会记在了秘籍中。

用特征属性描述事物

要描述一个事物需要从其特征着手，这些特征都是其根本的属性。量化特征，形成数据模型。当然，如果数据之间存在计算关系，也可以形成表达式描述的可计算的数学模型，两者相互融合，各有优势。

```
#P-11-3 桌面积与体积计算——类的属性与方法
class Desk:
  def __init__(self, l, w, h,c):    # 属性是数据模型的要素之一
      self.l = l          # 长
      self.w = w          # 宽
      self.h = h          # 高
      self.c = c          # 材料
  def s(self):            # 计算桌面积
      return self.l * self.w
  def v(self):            # 计算桌子占空间体积
      return self.l * self.w * self.h
                          # 计算表达式是数学模型的形式之一
desk1 = Desk(1.2, 0.8, 0.75,'木')
print(desk1.c,"桌面积是:", desk1.s())
print(desk1.c,"桌体积是:", desk1.v())
```

【运行】

```
木 桌面积是: 0.96
木 桌体积是: 0.72
```

请选择以下其中的一个事物，描述一下它的基本属性特征，并尝试用字典或类来量化建立数据模型。

事物1：铅球

事物2：游泳

第十二回 照猫画虎学套用，模式之中识规律——模式：序列、形状识别

太阳何时出来的，大家谁也不知道。

韩青锋今天早上没有早醒。其他人居然也没有早醒的，看来晨练是泡汤了。等大家都醒来的时候，正好赶上早饭。这得感谢派森恩，还是他有主意，睡前给杨二舅定好闹钟，没耽误大家吃早饭。

上午，微风，清凉，天空白云朵朵。

人人都感觉硅晶谷是个避暑的好地方。大家都端端正正地坐在凉爽的教室里等着上课。

姬思木开讲："不忙练剑术，再体会一下剑道。"

派森恩补充道："要想在编程江湖闯荡，还是要学习英文，不学好英文武功会大打折扣。"

韩青锋赞同说："不会英文，编程出错都看不懂。我们要跨学科式地学习，英文、编程一块学。"

姬思木向来喜欢极简主义，他常说"大道至简"。

这节课也是，他先让大家背诵简单的单词，甚至单词都可以自由选。只要背的时候，按"重复背两次，再组词"的固定模式就行。

比如，有这样的："book book story book""day day lucky day"。

也有这样的："look look look at""lost lost lost it"。

姬思木在黑板上写出两串字符："AABA""AAAB"。敲了敲黑板，说了声："现在大家就可以照猫画虎了。"说完走出了教室。

这种好玩的模式让大家背得不亦乐乎。

第二节课时间到，可姬思木没有再出现。派森恩转着他那支玉杆毛笔，斜倚在讲桌前，用一双睿智的眼睛扫视着大家，笑嘻嘻地问："有没有人悟出背诵秘诀？"

大家你看我，我看你，都没有说话，最后把目光都汇聚到韩青锋身上。韩青锋低着头，在纸上写写画画，没理会。大家忙把目光转回到派森恩身上，大家知道韩大侠丢了剑心情也不好，不太敢长时间看他。

派森恩嘿嘿一笑，在黑板上画几个方框，又加上几个箭头，这就算是一个识别背诵单词的序列模式的示意图。

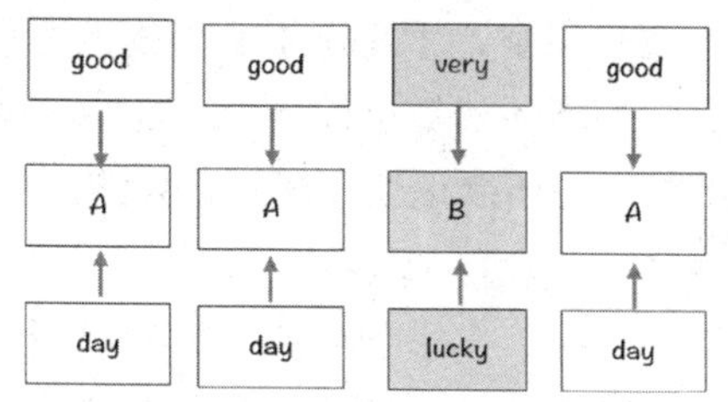

背诵单词的序列模式识别示意图

“这是啥意思？”大家似懂非懂。

派森恩正了正身子，认真地说：“大家用 A、B 对应一下第二组单词看看。”

“姬大侠前面早写了。”有人突然喊起来。

“对，姬大侠早写出第二组是 AAAB。”

“哇！重复的字母表示重复的单词。”

派森恩又加几个数字后说：“如果我说 AAAB 是 0003，AABA 是 0020，大家能猜出为什么吗？”

“A 都对应着 0，B 既对应 3 又对应 2，不明白——”小谷苦恼地挠挠头。

“如果把 AAAB 当字符串，想一想！”派森恩引导大家。

“我看出来了，是相同字母第一次出现的位置编号吗？”小迪开心地像发现一个大秘密。

大家你一言我一语，派森恩不断满意地点头，反正谁说一句他就对谁竖大拇指点赞。

派森恩等大家讨论得差不多了，又模仿姬思木的口气慢条斯理地讲起来：“让我给大家讲讲‘计算思维’剑道要决——模式。**模式是利用特征、规律做出的一类事物的数据模型。**模式识别就是通过一系列方法让机器根据识别对象的特征，利用模式中的数据模型实现类似人的识别能力。比如语音识别、图像识别等。”

“这么厉害！”小谷惊呼。

派森恩讲起来停不住：“再比如，上一节课姬大侠抽象出的山特征属性做成“类”，指导爬任意一座山；锋大侠用字典做成数据模型来用特征识物，拿它识别河、鸟、树——”

“能不能识别鹰？”小迪问。

“当然能，只要数据模型更细化就能识别得更多。”派森恩十分肯定地回答，“并且，现在人工智能的机器学习可以让机器学习很多特征来丰富数据

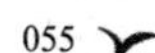

模型，提高人脸识别、语音识别、手写识别等模式识别水平——”

这时，韩青锋默默走到墙体计算机前，开始演练识别背单词模式的算法。自从丢失宝剑，他就不能随心所欲地快速编程，只能一行行代码慢慢地输入。

```
#P-12-1  计算思维——模型与模式识别
p1="AAAB"                        #模式 1 的字符串模型
p2="AABA"                        #模式 2 的字符串模型

#对应位置生成两种模式的数据模型
p1m=list(map(p1.index,p1))    #用列表 p1 各元素第一次出现的位置形成模
                                 式列表 p1m
p2m=list(map(p2.index,p2))    #用列表 p2 各元素第一次出现的位置形成模
                                 式列表 p2m
print(p1,'模式的数据模型是：',p1m)
print(p2,'模式的数据模型是：',p2m)
#输入需要识别的背诵单词
d=input("重复组词法背单词（单词间要空格）:")
dm=d.split(" ")        #读取数据字符串的每个单词，转成列表
#用列表各元素第一次出现的位置，形成数据模型
dmm=list(map(dm.index,dm))
print(dm,'的数据模型是：',dmm)

#背诵单词的模式识别过程
if dmm==p1m:                     #dmm 与 p1 的数据模型 p1m 比较是否相等
   print(d,"匹配模式：",p1)
else:
    if dmm==p2m:                 #dmm 与 p2 的数据模型 p2m 比较是否相等
       print(d,"匹配模式：",p2)
    else:
       print(d,"模式不匹配")
```

【运行】

```
AAAB 模式的数据模型是：[0,0,0,3]
AABA 模式的数据模型是：[0,0,2,0]
重复组词法背单词（单词间要空格）:need need need help
['need','need','need','help'] 的数据模型是：[0,0,0,3]
need need need help 匹配模式： AAAB
```

“韩大侠，map 是咋回事？”小迪求知若渴。

韩青锋举例说道：“比如 map(f,s)，是让列表 s 套用 f 函数运算。”

大家开始热烈讨论模式，用数据模型来条分缕析，见微知著，还举出好多模式例子来。

“又圆又大的水果可能是西瓜，这是形状识别模式。”

“河里的冰化了，小草发芽了，这是情景识别模式。”

“从低位向高位进位，满十进一，这是十进制数识别模式。”

“我终于明白了。前面韩大侠用 map(dm.index,dm) 就是把列表 dm 中所有的元素去用 index 求位置组成了位置数据模型，对照 'AAAB' 'AABA' 两种模式的数据模型去识别，这种比对就是模式识别吧！”小迪恍然大悟。

小吉却别出心裁地写出字符串 "A A A B "，又写出 ("A A A B").split( )，当他写出列表 ['A','A','A','B'] 时，郑重地点点头，神秘地笑了。

“我也懂了，我们也可以照猫画虎做更好的数据模型来识别背单词的规律了。”派森恩和弟子们欢呼雀跃。

这时候，另一个人也独自陷入冷静的思考。他就是韩青锋。

他的心思已经沉浸在明天的“悬崖夺剑之战”：明天到底会怎样？

一想到山高路远，还有悬崖、猛禽，韩青锋倒吸了一口凉气。

武功秘籍

话说，姬思木提出一个叫“模式”的神秘东西，让大家讨论只要按事物特征区别它们是否相同或者相似就算模式识别；具体做的过程中如果用到数据关系就可以构成“模型”。用派森恩的话说，一切皆模式，**模式离不开模型，模型服务于模式**。于是他把模式的作用记录在武功秘籍中。

用模式提高解决问题的效率

我们往往会采用一些常用模式来解决问题。比如，我们求各种三角形面积，就有用边长、高或根据三条边不同的计算模式。再如，手机画面的自动横屏就是采用了重力感应器来识别手机方向变化、控制图像的感应模式。

那么，常用的公式、定理、原理等是怎么来的？当然是数学家、科学家通过研究发现的规律，形成一种解决同类问题的模式。人们只需要应用已有的模式就可以提高解决问题的效率。

```
#P-12-2 识别直角三角形——模式
def zj(a, b, c):                    # 模式识别：直角三角形
  # 用勾股定理构建数据之间的关系模型
  pan=(a**2 + b**2 == c**2 or a**2 + c**2 == b**2 or b**2 + c**2 == a**2)

  if pan:                           # 识别判断
     print(f'以{a}、{b}、{c}为边长的三角形是直角三角形。')
     return True
  else:
     print(f'以{a}、{b}、{c}为边长的三角形不是直角三角形！')
     return False

def s(a,b,c):                       # 应用模式：计算直角三角形面积
  print()
  if zj(a, b, c):                   # 模式识别：直角三角形
     l1=min(a,b,c)                  # 找最短边
     l2=a+b+c-l1-max(a,b,c)         # 中长边为三边和减最短、最长边
     s=l1*l2/2                      # 求直角三角形的面积
     print(f'直角边长为{l1}、{l2}，面积为：',s)
  else:
     print('它不能用直角三角形面积公式计算！')

# 主程序
s(3,4,5)                            # 测试 1
s(13,14,15)                         # 测试 2
s(3*6,4*6,5*6)                      # 测试 3
```

【运行】

```
以 3、4、5 为边长的三角形是直角三角形。
直角边长为 3、4，面积为：  6.0

以 13、14、15 为边长的三角形不是直角三角形！
它不能用直接三角形面积公式计算！

以 18、24、30 为边长的三角形是直角三角形。
直角边长为 18、24，面积为：  216.0
```

请参考以下主题，你能对一种事物选用模式来解决问题吗？

1. 判断是乒乓球还是羽毛球。

2. 根据三个边的长度，判断是不是能组成三角形。如果是三角形，可根据海伦公式计算面积。

海伦公式代码如下：

```
p=（a+b+c）/2
s=(p*（p-a）*（p-b）*（p-c）)**0.5
```

第十三回 基本算法三结构，运筹帷幄胜千里——算法：三种基本结构

派森恩怕明天大部队早早出发忘记喊他，便提前把电子闹钟定在早上五点。

当闹钟响的时候，这山野之城还黑得吓人。派森恩爬起来，用力揉揉双眼，韩青锋竟然又不见影了。他赶忙飞奔出门跑到校场，校场上空无一人。他想，难道大部队已经出发了吗？

他急出一身大汗，暗自咕哝："大早上的，天气这么闷热！"

突然，一阵狂风袭来，里面还夹杂着些雨滴。他赶紧退到连廊下面。

刹那间，雨水像瓢泼一样从天空直通通地浇灌下来。狂风大雨，犹如千军万马在行军，又像是敌我双方在战斗；电闪雷鸣，犹如战鼓擂擂在激励将士冲锋，又似有战马呜咽着奔跑。

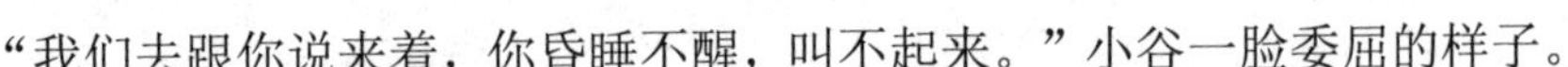

（一）算法并不是死板的规定

"啧啧——派大侠好兴致，这么早起来欣赏雨景？"

派森恩一回头，见是小迪、小谷两位弟子当值巡夜，回一句："不行吗？都早上了，你们还巡啥夜？"

"我们兄弟俩严格按巡夜时间认真执行任务，派大侠不高兴吗？"两个人笑嘻嘻地并排站立着。

"高兴！高兴！咋没见人？木、锋两位大侠领着队伍出发了吗？"派森恩挺挺肚子，想努力摆一下大侠的样子，可是自己感觉不舒服，就又松松垮垮下来。

小迪解释说："天气预报有暴雨，不能进山，否则遇上山洪可能会全军覆没。"

"哦，我说呢，可咋没人通知我？"派森恩长舒一口气。

"我们去跟你说来着，你昏睡不醒，叫不起来。"小谷一脸委屈的样子。

"嗯，知道了，你们继续去巡夜吧。"派森恩点点头。

"下雨呢——"小迪望着外面的雨下得越来越大。

"不是严格按制度吗？快去雨里巡夜——"派森恩有点儿故作"恶意"地调侃。

"是的，制度并不是死板的规定，上面也写着当遇到恶劣天气的时候，保护自我安全为要。"两个人向他靠过来。

“嗯——离我远点可以吗？”派森恩暗想自己也背不过巡查制度，还是支开他们比较好。

雨一直在下，但天还是在努力地亮起来。

早饭之后，见到韩青锋，他正在给弟子们讲剑法套路——基本算法结构。

看来，今天的学习又有新理论了。想到这里派森恩有一点点期待，还有一点点忧伤，因为他不太愿学理论，可是还得带头认真学习这些比剑术更高明的“剑法”……

“算法，它并不是死板的规定，它就像灵活的剑法。”韩青锋说道。

“这跟那俩小子差不多一个说法，一个说制度，一个说算法，大差不差。算法是‘计算思维’的具体表达，说着容易做起来难。”派森恩闷闷不乐，没精打采。

“我们的作战方案仅仅是计划，实际情况复杂多变，要灵活运用作战算法才行。”

当派森恩听到“作战”两个字的时候，一下提起精神来，立马认真地听讲。

（二）严格执行的顺序结构

“一个优秀的团队首要的是严格按顺序执行命令。比如说，我们出发前要‘先灭灯后出门’，这就是顺序。”韩青锋指指电灯，强调说。

“哪有先出门后灭灯的？那得开关安在门外。”有人小心嘀咕。

“可以遥控关灯。”同桌用胳膊肘顶顶他。

“你说的是用物联网吗？”又一个弟子投过来惊奇的目光。

“安静！”派森恩用力装出很严厉的样子，出来替韩青锋维持秩序。

韩青锋继续讲：“有秩序，有顺序，才是一个良好的运行机制，不然就混乱了。”

他边画图边讲解：“这是**顺序结构的算法**流程图，**严格从上往下执行**。”

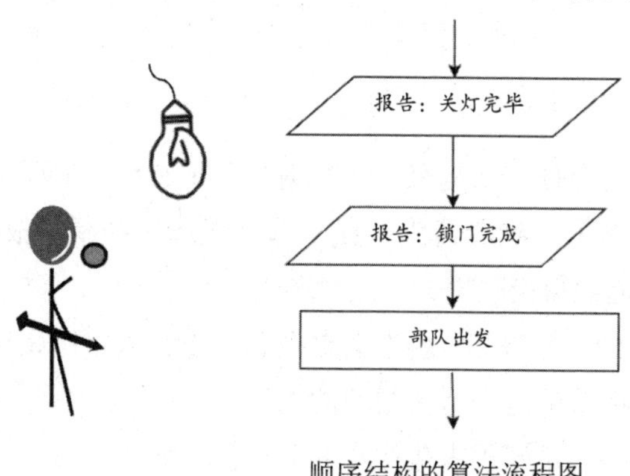

顺序结构的算法流程图

“明天战斗，要一切行动听指挥！”派森恩要求大家严格执行顺序结构。

（三）灵活判断的分支结构

“当然，前线指挥要听我们的先锋官韩大侠的。”派森恩又郑重其事地邀请韩青锋讲解行军算法。

韩青锋像指挥官一样，一脸严峻地继续讲解：“在野外作战，算法要灵活改变，要逢山开路，遇水搭桥。”

“怎么个灵活法？”有个人问。

“注意隐蔽是吧？”也有人说。

“注意安全是吧？”还有人说。

韩青锋没搭理他们，继续边画边讲：“这是**依据不同的情况判断，作出相应对策的分支结构算法**。也有人称为选择结构。在它的流程图中，最关键的是这个用于判断的菱形框。”

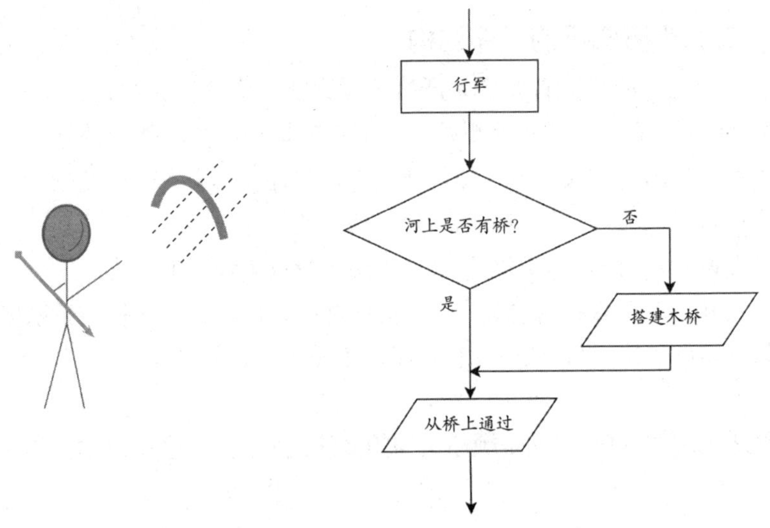

分支结构的算法流程图

“韩大侠，这个分支结构有点儿难啊！”小谷比画着图上的箭头。

“这有什么难的，**顺着箭头执行，遇上菱形作判断，根据不同情况走不同的路线**。”小迪说得挺轻松。

“这判断就有两种情况？会不会更多？”也有人倍感疑惑。

大家齐刷刷地看向这个“更聪明的人”。

他嘿嘿一笑，正是姬思木最得意的弟子——怪才小吉。

在野外作战，算法要灵活改变，要逢山开路，遇水搭桥。

（四）重复运行的循环结构

“算法就如剑法，奥妙无穷。这还只是皮毛。先有个印象，以后慢慢学。”派森恩站出来平息争论。在这一点上，他对于不善交流的韩青锋来说特别重要。

韩青锋扫一眼大家，又看一眼派森恩，目光里有默契的感激。他又认真地画出一幅流程图说：“这就是**能够反复自动执行的循环结构算法**流程图。”

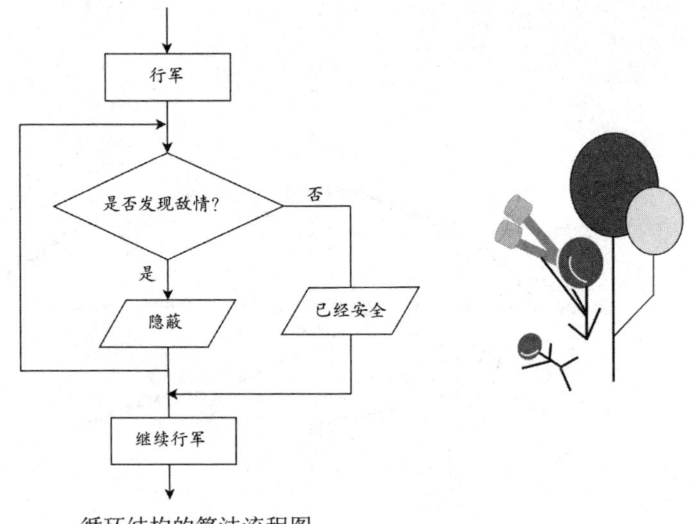

循环结构的算法流程图

“这个我懂，就是不停观察，发现敌情赶紧隐蔽，没有敌情再继续行军呗！”小谷这次竟然抢答。

“完全正确！”韩青锋露出微笑。

“这循环结构，我看跟分支结构有些相似。”小吉发现了细节上的关联。

“很对，把分支结构的一个箭头指回去重复判断，就变成了循环结构。”韩青锋用笔画着转回去的箭头，笑容又多了一点。

“韩大侠，你是在教我们明天行军的侦查算法吧？”小迪恍然大悟。

韩青锋满脸笑容，给大家深深鞠一躬，下课离开。

派森恩看着大家惊讶的样子，赶紧打圆场：“大家可都看到了，锋大侠是会笑的。当然，他得遇到真心开心的事才会笑。不像我，随时都可以笑。”

“哈——哈——”大家都大笑起来，“我们自然都跟派大侠一样。”

“休息一会儿后，我们再讨论如何用这些算法。”派森恩推心置腹地说，“等会儿，锋大侠看到我们已经把算法用途都抢先学过，他肯定会更开心。”

“是，是，为了韩大侠开心的笑，让我们一起努力！”大家受到感染竟异口同声地下起决心来。

大家讨论得兴高采烈，还用算法做起游戏来。

“顺序结构，算法就像是立正、稍息。”有个弟子为找到新类比沾沾自喜。

“分支结构，算法就像是口令？‘派@森92/3’。哈——我用派大侠当口令谁也猜不到，何况我还加了一些特殊符号。”小迪有些兴奋得过火。

“铛了个铛，铛了个铛，铛了个铛，铛了个铛——”小吉用笔敲打玻璃杯，说起快板来。

“闲言碎语不要讲——要讲，就讲明天的先锋谁来当！”派森恩也敲打起杯子接上一句。

“哇——还是派大侠接得好，不然小吉‘铛了个铛’一直循环不结束。”韩青锋已经笑呵呵地走进来。

“哈，韩大侠又笑啦！”

“哈哈——真的又笑了。”

一时间，教室里充满了笑声。教室外面树枝上的小鸟们也惊讶起来，起劲地叽叽喳喳，仿佛要参与进来比比谁的笑声更大。

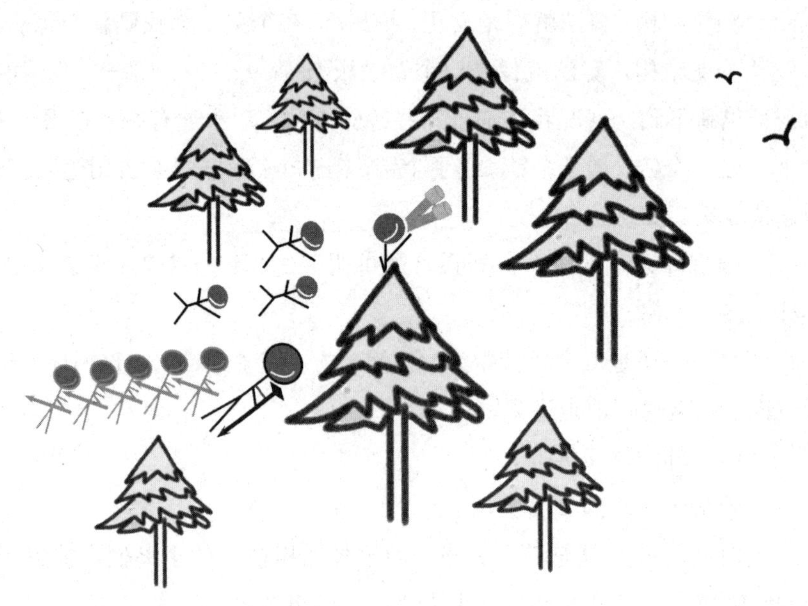

“这个我懂，就是不停观察，发现敌情赶紧隐蔽，没有敌情再继续行军呗！”小谷这次竟然抢答。

武功秘籍

话说，韩青锋给大家画出精彩的顺序结构、分支（选择）结构和循环结构的算法流程图后。大家也很想画，就求派森恩抄来武功秘籍中相关的内容，大家这才彻底会画流程图的各种符号。另外，韩青锋有一个叫小特的徒弟特别喜欢创新，他搜了一个叫“iodraw”的流程图网站在线做起流程图来又快又好看，大家用了都说很神奇。

流程图的基本符号

我们使用流程图描述算法的时候，要注意使用相对应的符号绘制。比如，平行四边形是表示输入或输出数据的，菱形是表示判断的。流程图基本符号的名称如下表所示。

基本符号	名称
	开始或结束框
	输入或输出框
	处理框
	判断框
	流程线
	接点

第四章 万马齐喑战山崖，行军代码显神威

从日出到日落，经过好多天的筹备，大家苦练编程基本技术。

从分解、抽象、模式，又再到算法，大家努力学习计算思维。

让人充满期待的一天终于来到。

今天，风和日丽，是千军万马出征的好时机。

姬思木准备好“作战计划”——智取为上，迂回包抄。

韩青锋准备好“行军算法”——逢山开路，遇水搭桥。

派森恩准备好“程序代码”——三军未动，粮草先行。

看吧！寻剑之军，踏上征程。

一个个斗志昂扬，信心百倍。

他们要用自己的勇敢和智慧夺回青锋宝剑，一定天下。

第十四回 程序运行讲顺序，严格执行不任性

——顺序：从上向下

天还没亮，星星正在天空中睡意蒙胧。

派森恩早早起来，韩青锋已然离开。他自己收拾妥当，念叨着：“关灯，锁门，早餐，集合。”他拍拍脑门，肯定地说：“哦，对！这就是**顺序结构的程序**，我已学会。”

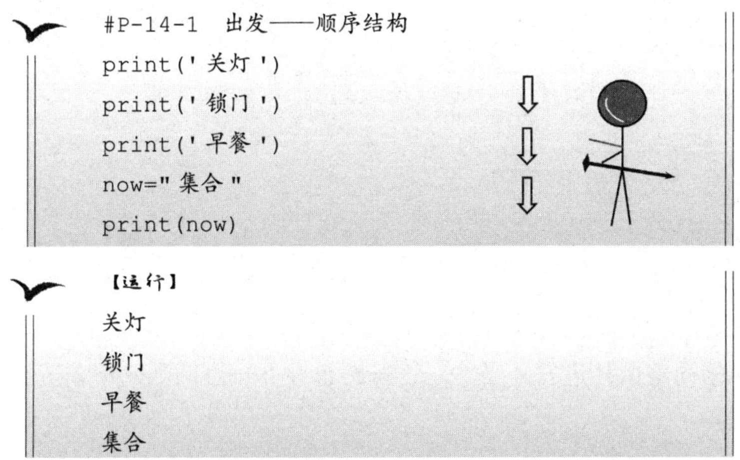

```
#P-14-1  出发——顺序结构
print('关灯')
print('锁门')
print('早餐')
now="集合"
print(now)
```

【运行】

```
关灯
锁门
早餐
集合
```

早饭后，他来到校场，大部队已集合完毕。瞧这场面，端的是“人衔枚，马摘铃”般万马齐喑、悄无声息。

太阳已经跃跃欲试正要在东方升起。大队人马迎着漫天霞光，静悄悄地向山中进发。

在夏日晨雾里，一轮红日很快就爬上了山顶。

前锋当然非韩青锋莫属，即使他暂时失去青锋宝剑，因为剑法厉害用普通剑也少有人能敌。中军当然非姬思木莫属，运筹帷幄，远征指挥，全靠他的智慧谋划。

派森恩？当然是后军。这不是因为他胆小，而是因为他善管粮草，并且有杨二舅兼厨师帮忙。你看他，积极地跑前跑后，随时照应中军，还想瞅准机会打个边锋立功。派森恩不知不觉已经晃悠到前锋位置，韩青锋诧异地看他一眼。

他忙说：“我这就回去，回去殿后。我是要看看从前锋、中军，再到后军的顺序，这也是顺序结构，我懂，我懂。”

```
#P-14-2  行军——顺序结构
print('行军')
print('前锋','韩青锋')
print('中军','姬思木')
back="后军"
print(back,'派森恩')
```

【运行】

```
行军
前锋 韩青锋
中军 姬思木
后军 派森恩
```

没等韩青锋说话，派森恩就三步并作两步走，转身回他的后军去。

大军浩浩荡荡向着山林进发。当然，这一路也并非一直顺利，不久就会迎来一个大难题——

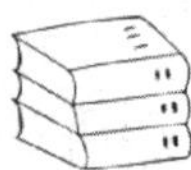

武功秘籍

话说，三军鱼贯而行，一路井然有序。派森恩从前锋、中军到后军把顺序结构独自演练一遍，对在顺序中可能发生的变化又做了数据验证实验，认认真真地把实验结果记录在武功秘籍中。

顺序结构程序数据实验

【实验原理】

如果没有顺序结构程序，计算机的计算会乱套的。就像下面这个生活伺服机器人的工作程序，你能想象它不按顺序执行的结果吗？

①7点叫醒主人。②7点10分做早饭。③7点50分送主人上学。

④16点接主人放学。⑤19点做晚饭。⑥21点唱安眠曲。

⑦21点30分熄灯。

【实验程序】

我们知道，在通常情况下，程序是“**从上向下，顺序执行**”的。实验以下程序，观察变量 x 的数据变化。

```
#P-14-3 变量观察
x=10
print(x)
x=x+5
print(x)
x=x-50
print(x)
```

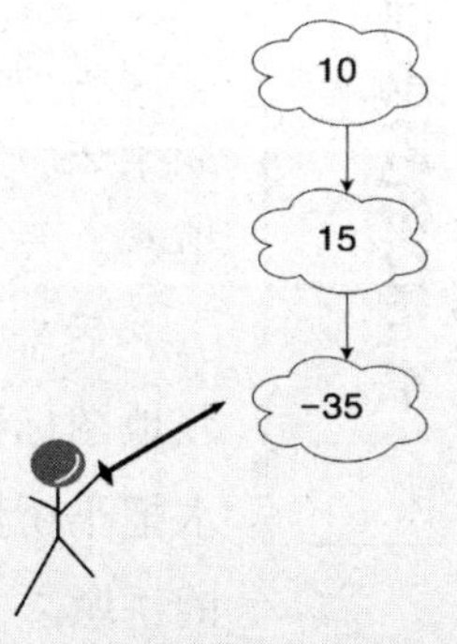

【实验样本】

```
10
15
-35
```

【实验思考】

从以上结果看，x 的值在什么时候会发生改变？

第十五回 分支程序作判断，遇水搭桥行三军——分支：判断选择

突然，探子来向韩青锋汇报：“前方有大河，却没有桥，河水十分湍急。”

派森恩这会儿刚回到后军，见前面队伍突然停止前进，又一拨拨地传来军令：“前有大河，停止前进！”

他耸耸肩，叹口气说：“我走得快了点，现在总不能再跑到前面去吧？遇上这么大的难题，没我可怎么办？”

这时候，前锋韩青锋拿出一张地图。这是上次他跟随猴子去寻剑，回来时画下的路线图，图上“抽象”出山川地貌。

后来，姬思木又指导他标上详细的前进路线标识。他对照地图标识，想起这里原来是有桥的，可能是前天大雨发洪水把小桥冲毁了。现在望过去，只看见河面有几个若隐若现的桥墩。

他把昨天已和派森恩写好的程序与地图相互对照后，带领几个弟子去寻找搭桥的木料。

```
#P-15-1  过河判断——分支结构
x=input('河上是否有桥？')
if x=='否' :
   print('搭建木桥')
print('从桥上通过')
```

```
【运行】
河上是否有桥？否
搭建木桥
从桥上通过
```

没过一会儿，他们抬回几根让暴雨冲下来的树干。他们把两根树干绑在一块儿，再将前头伸到桥墩上，搭建出一半的桥。为了更牢固，他们还专门用石头塞住圆木两边，防止圆木滚动。然后，又绑起两根树干，踩着这一半的木桥，继续往对岸延伸，一座小桥顺利建成。

韩青锋拉着一根绳子先行过桥。绳子两头各拴在河两岸的大树上。大家

陆续扶着长绳、踏着木桥，有条不紊地过河。

派森恩是最后一个过桥的。在桥上，他看着河中的滔滔之水，不仅又慨叹起来：**“子在川上曰：‘逝者如斯夫。’**我在桥上曰：‘逐人过桥去。’都乃顺序结构也！”

“派大侠——我们要走了，大家都已经用到分支结构，你还在顺序结构里面，也忒慢了。你可别一不小心掉水里头，东流入海不复回哟——”对岸那些调皮的弟子在打趣他。

他抓紧绳索，认认真真地继续走在木桥上，小心翼翼地过河。

“咦？这次派大侠咋没有摇摆？”

“派大侠也会用分支结构左右动态平衡身体吗？”

“你看他老人家，伸着手，举着臂，稳得很。”

大家边说着闲话，边把派森恩拉上岸去。

武功秘籍

话说，大部队在河边搭起木桥渡河之后，远离河边稍作休整。派森恩想起刚才**对桥的判断是分支程序**，自己在木桥上左右平衡也是分支判断，于是就又在武功秘籍上查了个分支结构算法的密码程序，实验好，准备回头给韩青锋作剑鞘密码用。

分支结构程序的数据实验

【实验原理】

我们在进行判断的时候常用到分支 / 选择语句。这是计算机、机器人最基础的智能源泉。**分支结构程序的功能是，如果条件表达式成立（值是 True），那么执行相应的语句块；否则（值是 False），就执行另一个语句块。**

【实验程序】

请多次实验以下分支结构程序，观察数据变化。

```
#P-15-2  密码判断——分支结构
m="12@3a$4"
x=input('请输入密码:')
if m==x:  #判断是否相等
   print('密码正确')
else:
   print('密码错误')
   exit()  #终止程序
print('开始工作')
```

【实验样本】

```
请输入密码:12345
密码错误

请输入密码:12@3a$4
密码正确
开始工作
```

【实验思考】

输入不同的密码时，程序是如何执行的？

第十六回 循环程序自动化，反复观察知敌情——循环：条件循环

渡过了河，大军继续前进。

不久，来到一片开阔的草地，草地的边缘就是进山的森林。

（一）反复侦察敌情

姬思木派出传令兵，召集韩青锋、派森恩等诸将到中军议事。

“林深，路滑，危机四伏，当谨慎从事。”姬思木叮嘱大家。

“我已经安排各路探子，四处打探，保持警惕。”韩青锋汇报军情。

“对！要不断观察，发现敌情就隐蔽，安全后再继续行军。”派森恩认真地点着头附和着。

“派大侠真聪明，看——这是我们俩早写好的敌情观测程序。”韩青锋笑着给大家展示程序。

“哦！我发现锋真的会笑了。”派森恩拍拍韩青锋的肩膀，也笑起来。

派森恩接过程序后给大家解释：“**while 后的循环条件很重要**，dq！=‘否’，代表敌情不解除，就反复地观察。这循环里面还有判断：发现敌情就要求隐蔽，继续观察；没发现敌情就报安全，结束循环继续行军。”

```
#P-16-1 敌情判断——循环结构
now='行军'
dq=' '
while dq!="否": #条件循环
   dq=input('是否发现敌情:')
   if dq=='否':
      print('已经安全')
   else:
      print('隐蔽')
now='继续行军'
```

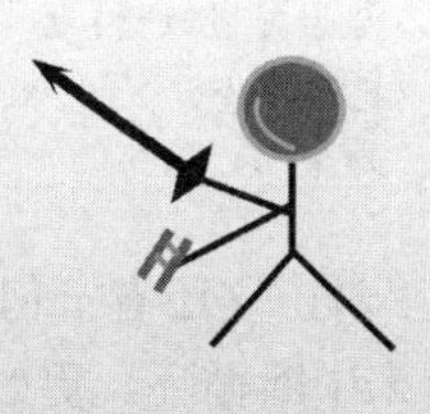

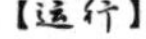

```
【运行】
是否发现敌情：是
隐蔽
是否发现敌情：是
隐蔽
是否发现敌情：否
已经安全
```

（二）一直观察敌情

“条件读起来有些拗口。”姬思木提出自己的看法，“可以一直观察，持续判断，安全后再中断循环也行。”

派森恩说：“让我们用姬大侠的算法改改程序手令。”他边改边讲解一番：“**循环条件用 True，就可以一直循环**。如果没发现敌情，就用 **break 中断循环**，这样让士兵们更好懂吧？”

```
#P-16-2  观测敌情——循环中断
now='行军'
while True:
    dq=input('是否发现敌情：')
    if dq=='否':
       print('已经安全')
       break  #中断本层循环
    else:
       print('隐蔽')
print(now)
```

```
【运行】
是否发现敌情：是
隐蔽
是否发现敌情：是
隐蔽
是否发现敌情：否
已经安全
行军
```

“对，这还省一句对 dq 初始化赋值，妙！”韩青锋点点头，“巧妙地用 break 来中断循环，更妙！”

派森恩得到肯定，有点儿骄傲起来，貌似洗刷了作为后军的不快，假装很乖的样子告辞，高兴地回到他的后军去。

韩青锋手执新的程序手令，带领先头部队依计而行，发现飞鸟敌情立即隐蔽，等安全后就继续行军，时而披荆斩棘，时而拉扯攀缘。

（三）猴子来报信

中午时分，大军已近山顶，驻扎在一处瀑布旁，三军休整。

这瀑布，从高山之顶倾泻而下，穿越山缝中的古松，冲过层层的岩石，分

成大大小小、层层叠叠的一群小瀑布，汇集在山涧之中。这里的山地相对平整，四周又古树参天，能遮蔽天空飞鸟的侦察，瀑布的轰鸣又能掩盖人声的嘈杂。

“真是一个野餐的好地方。”说话的是派森恩，他正带领后军战士给大家送上美餐，以很有功劳的姿态左转右转，评评点点。

午饭开始。正当大家吃得津津有味的时候，哨兵突然发出警报。大家立即做好隐蔽，战士们纷纷拿起武器，准备迎战。

这时，派森恩不知从哪里钻出来，大义凛然地说：“莫慌，莫慌！没事，没事！”

只见他后面藏着一只小猴，时不时地露出头来左瞧瞧，右看看。

韩青锋一眼就认出它来，正是那天引他上山的猴子。他纵身一跃，就要去捉拿小猴。小猴机灵地躲到派森恩后边去。

派森恩一手挡住韩青锋，一手掏出一根香蕉递给小猴。

韩青锋后退一步。小猴吃着香蕉又露出头。韩青锋掏出一根香蕉对着小猴摇一摇。

小猴看看派森恩。派森恩拍拍它的头，示意它过去。小猴小心翼翼地凑过去，拽住韩青锋的衣服，指指山上，又指指一位士兵的长剑，摆摆手。

韩青锋不解。

小猴又去扯派森恩的衣服，使劲摇头。

派森恩笑笑：“小猴的意思是不让我们上去打仗。”

韩青锋冷笑：“我们还怕这些鸟儿？”

小猴又张开双臂，模仿鸟飞的动作，指指远方，意思是鸟已飞走。

韩青锋着急问：“我的剑呢？”

小猴又躺在地下，在身边用手指画一条竖线。

“哈哈！锋，它说你的剑在睡觉吧？哈哈——”派森恩憋不住大笑起来。

这时候，姬思木过来打断大家伙的扯皮。

为稳妥起见，他让派森恩先带小谷、小迪等几名战士跟着小猴上山顶去侦察侦察。

派森恩感觉自己立功的机会终于来了，立即带上小猴，还特地请杨二舅带上一大筐的香蕉向山顶爬去。

武功秘籍

话说，在姬思木的指导下，派森恩帮助韩青锋修改了循环侦察的程序，感觉特有成就感。趁热打铁，想为韩青锋的密码加密再出一招。他参考武功秘籍上的“逆序算法”，做成口令“逆序法”自动加密，也为丰富秘籍添砖加瓦。

while 循环程序自动控制数据实验

【实验原理】

用 while 设计的条件循环程序，又叫**当循环程序**，是符合条件即自动控制执行的循环结构。

【实验程序 1】

请输入任意一个多位自然数，观察程序如何“辗转”求解逆序数。

```
#P-16-3  逆序数——辗转求解
n=int(input('请输入一个多位数'))
r=0
while n>0:
    r=r*10+n%10   #把 n 除以 10 的余数放在 r 的末尾
    n=n//10       #除以 10 的整数 n
print('逆序数是',r)
```

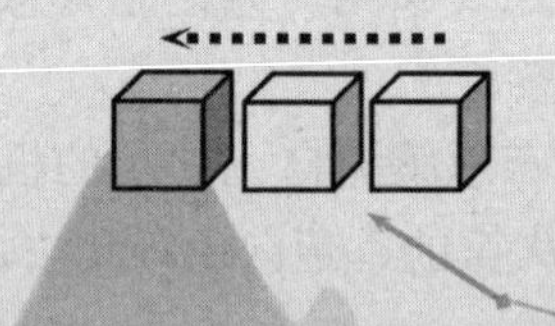

【实验样本】

请输入一个多位数 56789

逆序数是 98765

【实验程序 2】

请输入较长的一句话，观察用“倒序”求出逆字符串。

```
#P-16-4  逆序数——倒序加密
# 一个神秘的字符串
n='目面真山庐识不'
r=''                                # 记录转换顺序的字符串
print('神秘字符串：',n)
# 当循环
i=len(n)-1                          # 最后字符的位置
while i>=0:                         # 从最后字符位置循环到第 1 个字
                                      符位置 0
    r=r+n[i]                        # 记录字符
    i=i-1                           # 位置前移
print('逆序字符串是 :',r)            # 转换顺序后的字符串
```

【实验样本】

```
神秘字符串： 目面真山庐识不
逆序字符串是：不识庐山真面目
```

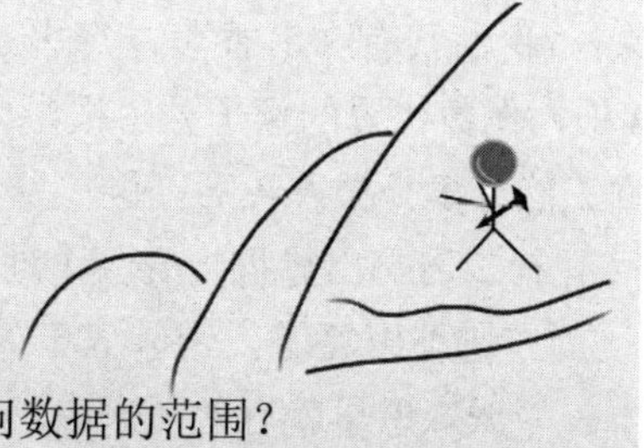

【实验思考】

1. 循环程序中的循环变量如何控制访问数据的范围？
2. 如何修改程序实现“输入任意字符串”进行逆序显示？

第十七回 计数循环巧利用，修正 bug 救雏鹰
——循环：计数循环

坡陡林密，越靠近山顶爬得越艰难。

除了猴子能够荡着秋千走，大家都得手脚并用才能前进。

不一会儿，那小猴子就不见了踪影。

派森恩呼哧呼哧地爬上山顶的时候，瞬间被眼前的景象惊呆了。

只见宽阔的山顶平台上，整整齐齐地排着两队猴子，两只猴王各自带队，队伍整整齐齐。

（一）奇数、偶数分香蕉

“哈喽！哈喽！”派森恩对两只猴王热情地打招呼。

猴王左顾右看的，也没有回礼。

“分香蕉，分香蕉——”派森恩一派大腕儿风度。

猴子们看到香蕉，都想要涌上来吃。

“吱——”“吱——”两只猴王发出尖利的叫声，猴子们又都擦擦口水老实了起来。

派森恩数了数两队猴子，各有 24 只。他又看了看香蕉，眉头一皱计上心来：“我们共有 8 串香蕉，每串 12 根。现在分香蕉，每队奇数位置的猴子分 2 根，偶数位置的猴子分 1 根半，可能还有剩下的平分给猴王们。最后，每只猴王能分多少根香蕉呢？”

杨二舅掏出算盘一五一十地算起来。

“您不用算了，带领大家快去分香蕉，让我用 **for 循环程序计算验证一下**。”派森恩早就有备而来。

```
#P-17-1  分香蕉——计数循环
s=12*8                      # 香蕉总根数
x=0                         # 记录分了多少

for  i in  range(1,25):     # 计算一队 24 只猴子
     if i%2==1:             # 如果余数是 1，即是奇数位置
        x=x+2               # 记录增加 2 根
     else:                  # 不然就是偶数位置
        x=x+1.5             # 记录增加 1 根半
# 输出总数减去 2 队猴子分的香蕉数，除以 2 分给两只猴王
print('每只猴王分到的香蕉数：',(s-2*x)/2)
```

【运行】

```
每只猴王分到的香蕉数： 6.0
```

“报告派大侠，最后每只猴王分到 8 根香蕉。”

“我的天！我咋算出来每只猴王分到 6 根香蕉呢？”派森恩盯着程序看来看去，也没看出究竟是哪里出了错。

小谷着急地说：“我去找韩大侠吧？”

“快去！快去！”杨二舅连连点头。

一会儿韩青锋到了山顶，看着一大群吃香蕉的猴子，诧异地走向派森恩。

派森恩连忙把程序指给他看。

“哈哈——派大侠还是会算计！”韩青锋指着程序忍不住哈哈大笑。

“问题出在哪里？”派森恩尴尬地问。

“问题就出在你没加上猴王站在第一位时提前分到的 2 根香蕉。你只想给猴王剩下的。算法不周密导致了程序设计小缺陷。”韩青锋讲起道理来倒是不笑，一板一眼帮他改好最后一行程序。

```
print('每只猴王分到的香蕉总数：',(s-2*x)/2+2)
```

“对，对！貌似我喜欢克扣军粮哦——”派森恩用力地拍拍出汗的大脑门。

“嘻嘻，这就是漏洞，小 bug，小 bug ！”弟子小迪帮他解嘲。

当他们在找 bug 的时候，猴子们已经把香蕉吃完，分到一根半的和两根的猴子一样开心，貌似它们只认“根”，半根也认为是一根。

没吃够的猴子，眼巴巴地看着猴王面前的香蕉，可谁也不敢造次。

猴王一根也没有吃，又吱吱叫，让猴子们安静下来。

俩猴王一起拉着派森恩往山崖那边走。

韩青锋忙紧随左右保护派森恩。

（二）山洞救雏鹰

韩青锋和派森恩小心翼翼地往山崖下看，只见青锋剑闪着寒光躺在山崖平台上。

可是，一只鹰也没有。

这时候，姬思木也带着大队人马上来了。

安排好四周警戒，他们便随猴王一起下去查看。

山崖边上竟有一条隐藏在山花草丛中的小径，顺着这条小径曲曲折折、南拐北转，好不容易到达半山崖的平台。

奇怪的是，山崖下一只鹰也没有。

姬思木阻止韩青锋去取剑，让他监控天上。又让派森恩把两只猴王叫来，看看它们的意思。

两只猴王又来拉扯派森恩往山崖边走，估计是对他特别信任吧！

大家也一边观察一边跟上去。

山崖边有丛灌木，绕过去竟出现一个山洞。

走进这半人高的山洞，里面豁然开阔，远处还听到了哗啦哗啦的流水声，凉爽无比。

只见在一块方方正正的石头边上，趴着一只雏鹰。雏鹰看到大家，抬起头，呱呱叫两声又无力地趴下去。在它的嘴边还有一堆没吃完的野兔肉。

姬思木和派森恩轻轻走过去查看。

“它受伤了。”姬思木用扇子轻轻翻看它的翅膀。

“嗯，翅膀上面有半截细细的竹箭，谁的功力如此深厚！”派森恩沉吟一声。

“派森，你让韩青带青锋剑过来。”姬思木略一沉思，舒展开眉头。

韩青锋手执青锋剑走进洞中。

“雏鹰右翅底下还有半截竹箭，已有些日子，不好取出，得靠你的青锋剑啦。”他轻轻拍拍韩青锋的肩膀，又用扇子拖起雏鹰的翅膀。

韩青锋望了一下姬思木，低头查看，那竹箭又细又短，正好钉在翅膀用力的关节边。

他稍加沉思，突然手起剑出，只见半寸竹箭无声落地。雏鹰连哼都没哼。

他又略加沉思，左手执剑，剑尖直指伤口处的竹子横断面，右手轻拍剑柄，另一半竹箭无声而落，雏鹰的翅膀上只有一个细小干瘪的孔，一滴血都没有流出。

剑已入鞘，咔嗒一声，剑鞘上锁。

俩猴王还在发愣，众人却突然欢呼起来：“真是好剑法！”

“轻轻两下就解决了一个致命的 bug。”派森恩又联想到了 bug。

这时猴子们也欢呼了起来。

雏鹰感激地看看大家，轻松展翅飞出洞去。

大家后队变前队，也都出洞了。

“天上有情况！”不知谁大叫一声。

一大群雄鹰俯冲而来。

大家靠紧姬思木围成一圈，摆出阵型，伸出长剑，直指天空。

雄鹰们却有序地落在场地上，整齐地排列着，就像空军等待检阅一般。

猴子们也齐刷刷地排成两队，就像陆军等待检阅一样。

姬思木啪的一声打开扇子，众人分列两旁。

姬思木走出队列，对着雄鹰抱拳施礼。

鹰王拍拍翅膀，又拍拍刚才受伤的雏鹰。

这会儿派森恩机灵一抖，很懂地说：“原来这都是猴子们搞的‘偷剑救鹰’计划。”他侃侃而谈，发表一通演讲后，又喊起很有派武馆风味的口号来：“互爱互助，共创未来。”

大家都开心地看着他一人表演。

韩青锋摸摸派森恩送给他的剑鞘电子密码锁扣，也开心地笑起来。

夕阳在西山之巅，染得片片云彩似红色绸缎。

余晖中高高飞舞着一群雄鹰，一直欢送大队人马安全下山，走出森林，穿过草地，渡过小河。

一场没有硝烟的“战斗”落下帷幕，派森恩拍着自己的肚子哼起了山歌。齐喑的万马也昂首嘶鸣起来，一路欢腾。

姬思木修长的身影伴着韩青锋和青锋剑长长的影子，一起印在平静的河水之上，与晚霞的波光一起荡漾、流淌……

雄鹰们却有序地落在场地上，整齐地排列着，就像空军等待检阅一般。

武功秘籍

话说，派武馆不仅寻回了青锋剑，还救助了受伤的雏鹰。可对于两次丢剑的事，不少人还心有余悸，纷纷劝说已加过电子密码锁的青锋剑再加上限次数的动态验证码，防止密码锁被暴力破解。韩青锋深表同意，做过实验之后也把随机验证码算法补充在武功秘籍中。

for 循环程序控制限次验证的数据实验

【实验原理】

1. for 循环是一种在数据序列范围内的循环，由循环变量的值来控制循环。一般格式是 **for x in 数据序列：语句块**。

2. 产生随机数需要先导入 random 模块，可用 random.randint(x,y) 产生 x~y 之间的整数。

【实验程序】

```
#P-17-2  验证码——随机与循环
import random                             # 导入随机数模块
ma="0"                                    # 初始化验证码
mx=""
for c in range(3):                        # 循环控制验证 3 次
    ma=""
    for i in range(0,6):                  #(0,6) 与 (6) 等效
        mx= random.randint(0,9)           # 产生 0~9 的随机整数
        ma=ma+str(mx)                     # 存储验证码数字
    print(ma)                             # 显示验证码
    mx=input(" 请正确输入以上验证码 :")
    if mx==ma: break                      # 输入正确，结束循环
```

```
if mx!=ma:  # 如果三次输入不正确
    print("你无权使用……")
else:
    print("欢迎使用……")
```

【实验样本】

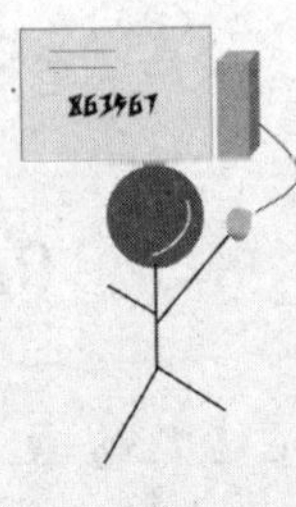


```
880817
请正确输入以上验证码:221
867989
请正确输入以上验证码:212
224490
请正确输入以上验证码:2121
你无权使用……

392249
请正确输入以上验证码:21
069415
请正确输入以上验证码:069415
欢迎使用……
```

【实验思考】

对于计数循环，循环的次数取决于什么？

弩攻

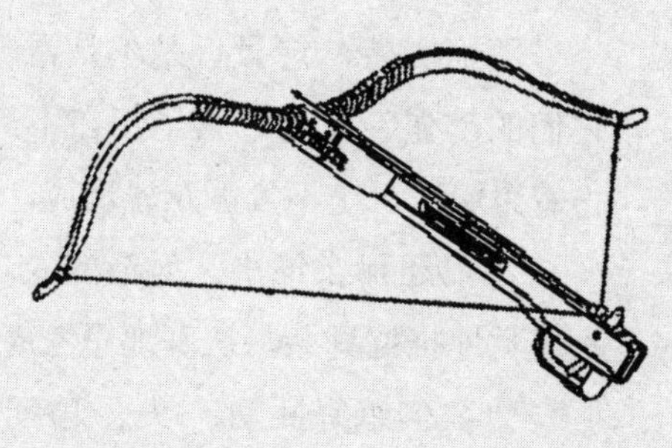

大家用善良与爱心让这场悬崖之战的紧张感烟消云散，山里山外都充满欢声笑语。

现在，天空经常有雄鹰盘旋巡逻，更经常有猴子们不请自来参加操练。

派森恩说：“一切都好，除去一点点缺憾，那就是猴子来太费香蕉。”

韩青锋却对这个不以为意，他微笑着说道：“香蕉算什么，我忧虑的是那支竹箭。”

姬思木用深邃的目光看着天空盘旋的雏鹰，认同地点头。

派森恩抓耳挠腮地问：“那究竟是谁射的箭？”

“派大侠，您最近是不是常带猴子们操练，学会了它们的动作？”两个弟子正在不远处经过，对他调皮地扮着鬼脸，可是不等派森恩反应，他们就立即跑远了。

“箭还那么细小，射箭的人功力不浅。”派森恩又不自觉地挠挠耳朵，认真地思考着——

“我们练好武功，以不变应万变，用实力抵御一切来犯之敌。”韩青锋拉下派森恩挠耳朵的手来，带着他走向校场，扎扎实实地刻苦练功去了。

第十八回 一呼一吸讲节奏，招招出剑有章法——数据交互：输入输出格式

雏鹰翅膀上的竹箭，也让大家看到平静的森林之中并非岁月静好。一连几天大家有条不紊地温故知新，按部就班地刻苦操练，每一个人都认认真真，奋发上进。

姬思木、派森恩、韩青锋带领弟子们从气息吐纳到出剑章法，无不循序渐进，温故知新。

（一）气息吐纳，快慢适宜

第一课，练习自然呼吸。

派森恩带领弟子们练习保持平静心态，自然地吐纳气息："我们前面已练习过，吸是输入，呼是输出，为充分地调整状态，要保持自然地呼吸。"

"派大侠，自然呼吸谁都会，不用练吧？"小迪疑惑地问道。

"呼吸，大家可能觉得谁都会，可是吸的是什么类型的气呢？是清新的空气，还是汽车的尾气？"派森恩打趣一下他，开始认真地指导小迪正确练习，"跟着为师吸起来——"

```
#P-18-1  输入字符串，输出数据类型
x=input('请输入任意值：')    # 吸气，输入数据
print(x)                     # 呼气，输出数据
print(type(x))               # 呼出气的类型，显示
                               数据类型
```

```
【运行】
请输入任意值：12345 上山打枣吃
12345 上山打枣吃
<class 'str'>
```

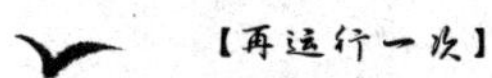

```
【再运行一次】
请输入任意值：1+1 大于 2
1+1 大于 2
<class 'str'>
```

“哇！ <class 'str'> 是什么东西？是‘几班’吗？”小迪忍不住叫起来。

“少安毋躁，class 可不是班，是‘类型’。**用 type(x) 函数就可知道 x 的类型**。str 表示字符串型。‘1+1’也是字符串型，字符串中的数字是不能直接相加的。”派森恩自信地讲着。

“eval('1+1')呢？”小吉突然冷冷地甩过来一句话。

“呃？”派森恩脸一红，“这个……我不是说了不能直接相加嘛——”

第二课，掌握必要的深呼吸。

韩青锋深吸一口气，讲道：“出剑之前，深吸一口气，剑与气同发，更有爆发力。”

深吸气自带转换功能，就像是从键盘输入一个变量的字符串值之后，**用 int( )、float( ) 函数自动转换为其他类型的数据**。

```
#P-18-2  输入之后即可转换数据类型
x=int(input('请输入数字:'))    # 深吸气，输入字符串型
                               数据，转换成整型数据
print(x,'现在是',type(x))      # 测试 x 的数据类型
print(x*2)                     # 深呼气，输出表达式的值

x=float(input('请输入浮点数:'))  # 深吸气，输入字符串转换成浮点数
print(type(x))                 # 测试 x 的数据类型
print(x+100000)                # 深呼气，输出表达式的值
```

【运行】

```
请输入数字:890
890 现在是 <class 'int'>
1780
请输入浮点数:123.456
<class 'float'>
100123.456
```

“int，int，赢它的整数。float，float，浮着小数。”校场一角有人在不断地嘀咕着。

“这是什么神奇咒语？”韩青锋问。

“韩大侠，我在背诵 int( )、float( ) 函数的功能。”弟子小鱼儿不好意思

地举手汇报。

小鱼儿是韩青锋亲自带的弟子，因为平时非常严谨认真、善于观察，所以在背诵类型转换口诀。

“精神可嘉，但剑法重于剑术，知识与技术都可以随用随查，也会熟能生巧，不必强记。”韩青锋先称赞后指点，真是个好老师。

第三课，用连续呼吸增强耐力。

姬思木平时气息弱，但是他这几天却练成了小口连续吸气的本领，长途跋涉时也能轻松自如。他给大家传授连续呼吸法：“在长途奔跑中，用小口的连续呼吸法配合动作，可以更轻松。”

派森恩说：“这就像是，我们**用一个输入语句也可以连续输入多个数据**。比如，通过 .split( ) 指定用空格、逗号等分隔符隔开输入的数据。”

```
#P-18-3 连续输入数据格式
# 空格隔开数据
a,b,c=input('输入3个数据,空格隔开:').split()
print(a,b,c)

# 逗号隔开数据
x,y,z=input("输入3个数据','隔开:").split(',')
print(x,y,z)

# 为一个变量连续输入数据形成列表
m=input("输入任意多个数据','隔开:").split(',')
print(m)
```

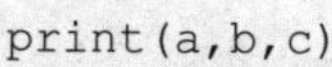

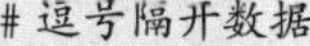

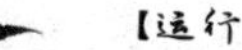

【运行】

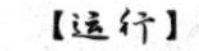

```
输入3个数据,空格隔开:小迪 小谷 小吉
小迪 小谷 小吉
输入3个数据','隔开:16,15,17
16 15 17
输入任意多个数据','隔开:小迪,16,小谷,15,小吉,17
['小迪, 16, 小谷, 15, 小吉, 17']
```

“我发现，有多个变量时，会对应输入的数据赋值。”韩青锋那个勇敢热情、善行动的弟子小特不厌其烦地去对应输入师兄弟们的信息。

“我发现，可为一个变量输入多个数据，生成列表。”小迪很喜欢列表。

“我发现，输入列表时，可不用逗号分隔符，用空格能避免中文标点作乱。”小鱼儿总能在细节处有新发现。

第四课，掌握呼吸节奏利长跑。

“在跑操运动中，跟着步伐有节奏地一吸一呼才能持久。”姬思木继续讲呼吸节奏。

派森恩说：“在输出数据时，也可用有节奏的格式。如，要输出不同的小数位，可用 print('%0.2f' %x)，即保持 2 位小数来输出 x 的值。% 是格式；f 是浮点数；0.2 是保持 2 位小数。还有其他格式，如 %s 是将变量值原样显示，%d 是整数显示等。”

```
#P-18-4  输出格式 %
# 字符串中的 % 格式符，后跟 % 变量或 %（变量 1，变量 2……）
x=3.141592653589793
print('原数 %s'%x)
print('只看 1 位小数：%0.1f'%x)
print('只看 4 位小数：%0.4f'%x)
print('可以让 %s 只显示整数 %d。'%(x,x))
```

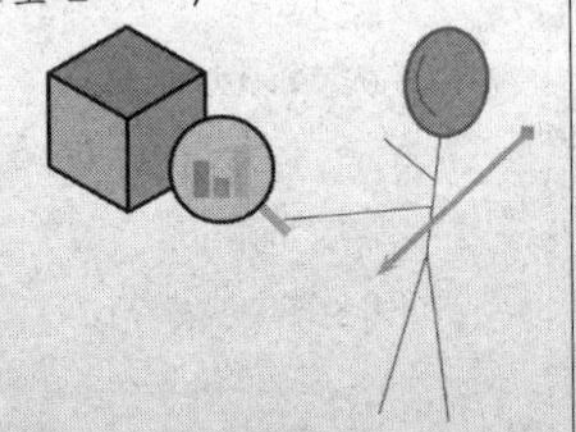

```
【运行】
原数 3.141592653589793
只看 1 位小数：3.1
只看 4 位小数：3.1416
可以让 3.141592653589793 只显示整数 3。
```

“字符串里面有‘%’，后面跟上 % 变量，这节奏咱拿捏得死死的。”派森恩轻松呼吸，再也不气喘吁吁。

姬思木拍拍派森恩说：“还有呼吸无痕的功法，要不要学？”

“要！要！”没等派森恩回答，弟子们早喊起来。

“呼吸无痕，即出招之前可在前面挑出一个 f 剑花儿，出剑时，任何地方都可以在 {} 中心花怒放，随时呼气发力。”姬思木传授了字符串中的行格式新功法——**f'{x}{y}'**，派森恩立马拿小谷、小迪来做对比实验。

```
#P-18-5  输出格式{}
name='小谷'
age=15
high=1.65
print(f'{name}派武馆新学员,{age}岁,身高{high}米')
name='小迪'
age=16
high=1.68
print('%s派武馆新学员,%d岁,身高%s米'%(name,age,high))
```

【运行】

```
小谷派武馆新学员,15岁,身高1.65米
小迪派武馆新学员,16岁,身高1.68米
```

派森恩对比了一下小谷和小迪基本信息的输出格式："两种格式效果一样，{}的好处是简洁清晰，%的优点是有保留小数位等多种显示形式。"

姬思木对派森恩的观察非常认同。

这时，特立独行的小吉又冒出一句话来："姬大侠这剑花儿也可以放在后面挑起。"于是，他虚晃一剑让{}中空空如也，最后再跟一个.format挑出一连串变量的剑花儿，即：**xm='小吉';print('我才不管三七{}，{}是一个爱提炼思维创新程序的弟子。'.format(3*7,xm))**。

派森恩看得连连称赞："哈！这.format剑花儿太大了，需要跟{}一一对应，这是早先的派森古剑术，木大侠f剑花儿可是近年新出。"

大家听了都佩服有加，也纷纷出剑舞之如花。

（二）气推剑动，连环剑法

姬思木对大家的连续呼吸练习效果非常满意。

他请来韩青锋，拍拍他的青锋剑，说："锋，教教大家你那一鼓作气、抢占先机的连环剑法吧！"

韩青锋开讲连环剑法："平时，我们用print( )输出数据，是一个个换行显示的。若**加上end='' 或end='字符'，下一个数据显示时就在同一行跟着间隔符连续显示**，除非**使用end='\n'换行**。"

```
#P-18-6  连环剑法——end
print('连环剑法 1:')
print('挂',end='');print(' 劈 ',end='');print(' 截 ',end='\n');
print('进步\n 再进步\n')
print('连环剑法 2:')
print('刺',end=',');print(' 截 ',end=',');print('刺',end='\n')
```

```
【运行】
连环剑法 1:
挂劈截
进步
再进步

连环剑法 2:
刺，截，刺
```

“韩大侠连环剑法的关键是 end='间隔符'，它能让后面的 print 跟着出剑。”小谷边练边琢磨。

“\n 是换行，可以取消上一个 end 的连续功能，也可以继续换行。”小迪在刺剑中认真体会着剑法要义。

正在这时，韩青锋把剑一抖，剑花儿串串，如银龙飞舞一般。

```
#P-18-7  连环剑法——sep
print('连环剑法 3: ')
print('挂','劈','截','刺','截','刺',sep='->');
```

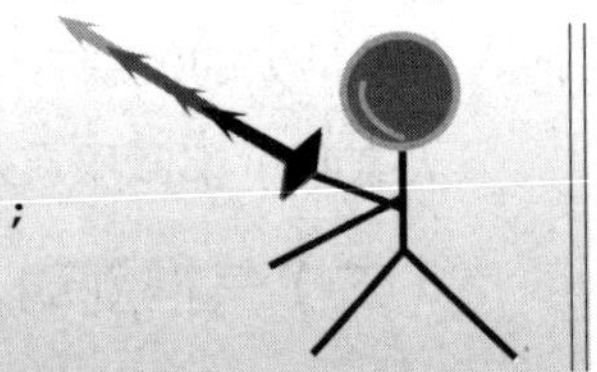

```
【运行】
连环剑法 3:
挂 -> 劈 -> 截 -> 刺 -> 截 -> 刺
```

派森恩不由得叫起好来：“好！连环剑法真是奥妙无穷。一个 **sep='间隔符'**，就串起前面的所有招数！”

“哇！比刚才我们练的简洁又快速，这是更神奇的连环剑法！”众弟子赶快模仿起来。

（三）虚晃一招，真假难辨

下课了，派森恩正优哉游哉地走在小路上。

“看剑！”小吉突然从他后面一声大喊。

派森恩轻轻往边上一躲，也没太大反应。

派森恩左手一指他的头说：“看，你头上有片树叶。”

小吉正沾沾自喜呢，听说头上有树叶，忙去弄头发。

这时，派森恩的右手已经搭在小吉的剑柄上，只翻转一下，剑就到了派森恩的手中。

周围一片叫好声。

派森恩挥着小吉的剑，现场给大家讲起了虚实真假：“在实战中，并非一刀一剑硬打。我方进攻要虚晃一招迷惑对方，让对手真假难辨，这**虚虚实实可是剑道**。在剑术上呢，可是**有真（True）、假（False）两种相反的布尔值（bool）**，可由关系运算、逻辑运算等方式得出来。”

> 关系运算符：==、!=、>、<、>=、<=、in 等，如 age!=0
> 逻辑运算符：and、or、not，如 age>=18 and high>1.65

不远处的韩青锋也点点头：“这虚实剑道讲得好，真假虚实这种 'bool' 类型的值需要在实战中体验方得真传。”说着，他给大家演示了几招真假判断。

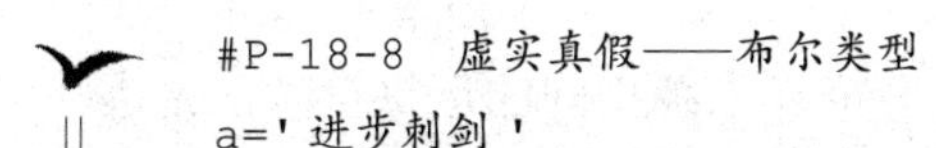

```
#P-18-8  虚实真假——布尔类型
a='进步刺剑'
b='弓步劈剑'
print('两招相同？',a==b)
print('两招不同？',a!=b)

w='步' in a and '步' in b
print('都有步的动作吗？',w)

w= a==b
print('数据类型：',type(w))
```

【运行】
两招相同？ False
两招不同？ True
都有步的动作？ True
数据类型： <class 'bool'>

整整一天，从剑术、剑法到剑道，大家懂了很多道理。

大家就这样快乐地练习，快速地进步。

很快，就有机会来检验大家学得如何了。

武功秘籍

话说，派武馆人员全面学习了气息运行与节奏调整，功力都得到了大幅提升。之后，派森恩又请姬思木传授哪些气息要先运行——即优先级，哪些气息要注意方向——即结合性。他认真地绘制出一张对比表，记载在武功秘籍中。

Python 常用运算符优先级和结合性对比表

优先级，是当多个运算符同时出现在一个表达式中时，先执行哪个运算符。例如，1 + 2 * 3，Python 会先计算乘法再计算加法，结果是 7。说明“*”的优先级高于“+”。

结合性，是当一个表达式中出现多个优先级相同的运算符时，先执行哪个运算符。先执行左边的叫左结合性，先执行右边的叫右结合性。例如 6 / 3 * 2，/ 和 * 的优先级相同，/ 和 * 都具有左结合性，因此先执行左边的除法，再执行右边的乘法，结果是 4。再如，** 具有右结合性，实验一下：2**3**3 的运算结果会与（2**3）**3、2**（3**3）中的哪个运算结果相等。

运算符说明	Python 运算符	优先级（从高到低）	结合性（左、右结合）
小括号	( )	14	无
索引运算符	x[i] 或 x[i:j]	13	左
属性访问	x.attribute	12	左
乘方	**	11	右
符号运算符	+、-	10	右
乘除	*、/、//、%	9	左
加减	+、-	8	左
比较运算符	==、!=、>、>=、<、<=	7	左
is 运算符	is、is not	6	左
in 运算符	in、not in	5	左
逻辑非	not	4	右
逻辑与	and	3	左
逻辑或	or	2	左
逗号运算符	exp1, exp2	1	左

第十九回 姿势不正来找茬，切片剑法斩群蜂 ——数据处理：字符串的处理

随着剑术、剑法基本功学习的增多，大家练起来经常丢三落四。

韩青锋虽然很耐心地帮大家纠正，可总有些小弟子记不住要领，bug 不断。

（一）大家来找茬

派森恩为解决 bug，想出来的好主意是——有奖找茬。

就是说，他一反常规，不奖励做得好的，而是奖励发现“问题”多的。他仗着家里有矿，找到典型错误还有大奖。

典型错误一：拼写错误，动作变形。

“剑术要先练对动作，编程要先练对拼写。最易错的是标点符号用成了中文标点，以及命令拼错等。”派森恩说，“这是初学者的大脑与动作不协调、手忙脚乱所致。”

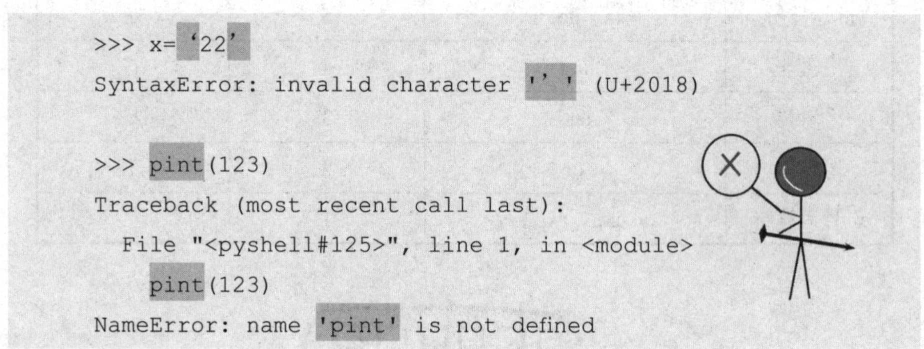

```
>>> x= ‘22’
SyntaxError: invalid character '‘' (U+2018)

>>> pint(123)
Traceback (most recent call last):
  File "<pyshell#125>", line 1, in <module>
    pint(123)
NameError: name 'pint' is not defined
```

典型错误二：无值变量，贪心太过。

没有值的变量会报错，说**变量没有被定义**。韩青锋说：“有备而来是剑法原则。变量先定义赋值后使用，是算法要求。这个错误是学得太着急、太贪心所致。”

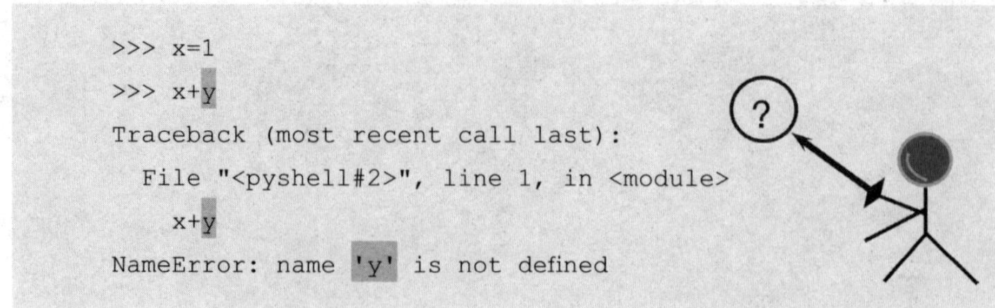

```
>>> x=1
>>> x+y
Traceback (most recent call last):
  File "<pyshell#2>", line 1, in <module>
    x+y
NameError: name 'y' is not defined
```

典型错误三：姿势不正，走火入魔。

姬思木说："剑道首先要讲'和合'，即万事万物要和谐、配合。**数据之间类型要匹配。**"

数据类型不匹配地进行计算是非法的，不同类型的数据计算要利用函数转换成同一类型才能运算，如 int("3")+2 等于 5， "3"+str(2) 等于 "32"。

```
>>> x=123
>>> y='456'
>>> x+y
Traceback (most recent call last):
  File "<pyshell#15>", line 1, in <module>
    x+y
TypeError: unsupported operand type(s) for +: 'int' and 'str'

>>> x+int(y)
579

>>> str(x)+y
'123456'
```


大家找错找得不亦乐乎，姬思木、韩青锋忙着在校场上逐一指点纠正。

突然，派森恩急急忙忙地跑来，还用上衣罩着头。

（二）蜂群阻击战

派森恩一边跑一边叫。他后面跟着一群猴子，跟着他狼狈逃窜。

奇怪的是，他还疯狂地在校场里转来转去，猴子们跟在他后面手舞足蹈。

"哇！蜂群！"小迪叫道。

"快卧倒！不要跑！"韩青锋连忙喊。

大家看清楚了，原来是一群土蜂正在追派森恩。蜂群却并不追猴子，猴子们在后面是想赶走蜂群，可是丝毫不起作用。

派森恩听到韩青锋的喊声，扑通一下卧倒在校场边的沙坑里。蜂群失去目标，便整齐地排成一队，飞舞着到处寻找。

这串土蜂有多少呢？派森恩蒙着头，也不敢钻出来数一数，心想："这也是个字符串吧？我快用长度函数 len( ) 计算一下。"

```
>>> f='ABCDEFGHIJKLMNOPQRSTUVWXYZ'
>>> len(f)
26
```

“呵呵，26 只土蜂，每只土蜂都是一个字母。这个字母表可真厉害。”派森恩笑得很无奈。

土蜂队伍就像“字符串”一样，蜂头儿是第一个符号，位置是 0，用 f [0] 表示。f [25] 表示第 26 个字母。

```
>>> f[0]
'A'
>>> f[25]
'Z'
```

“不好！土蜂发现目标了。”韩青锋倏地抽出剑。只见他迎着风，健步冲向沙坑，剑尖直指蜂群，一招“切片”剑法，以迅雷不及掩耳之势斩断了蜂群队伍。

字符串处理的“切片”剑法非常强大，可以切出“子字符串”。因其**范围是“左闭、右开区间”，所以最后一个位置要忽略**。如，[0:3] 表示 0 位、1 位、2 位的 3 个字符。

```
>>> f[0:3]
'ABC'
```

字符串还可以从后向前倒着切片，如 [-1] 就是最后一个字符。

```
>>> f[-1]
'Z'
```

[:-1] 表示倒数第 2 个之前的字符，要忽略最后一个字符。

```
>>> f[:-1]
'ABCDEFGHIJKLMNOPQRSTUVWXY'
```

[-3:] 表示倒数第 3 个之后的，因为右区间最后没有数，也不用忽略。

```
>>> f[-3:]
'XYZ'
```

蜂头儿见势不妙转头就跑，带领着凌乱的土蜂们纷纷飞过院墙去。

“唉，这串土蜂差点要了我的老命。”派森恩从衣服里露出两只眼睛，偷偷地看了看蜂群消失的天空，又低头看了看躺在沙子上的几只大土蜂，满头是汗。派森恩额头上还被土蜂蜇出了两个大包。

猴子们围上来，拉着他，离开了沙坑。

这时候，大约五倍的土蜂，又过墙而来，直扑沙坑。

仿佛是大家以前见过的字符串乘以自然数成倍显示的那样。

```
>>> f*5
'ABCDEFGHIJKLMNOPQRSTUVWXYZABCDEFGHIJKL
MNOPQRSTUVWXYZABCDEFGHIJKLMNOPQRSTUVWXYZABC
DEFGHIJKLMNOPQRSTUVWXYZABCDEFGHIJKLMNOPQRST
UVWXYZ'
>>> len(f*5)
130
```

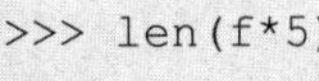

沙坑里没有人它们扑了空，便在上面舞动了一番，又纷纷翻墙而去。

“好险！本来有 26 只土蜂，乘以 5，这——这——变成了 130 只土蜂。这是倾巢而出报复我啊。幸亏离开了沙坑。”派森恩边计算边喘粗气。

韩青锋赶紧给他治疗，竟然拔出来两根土蜂毒刺。

派森恩慢慢平复下来，一个劲地念叨：“以后可不能跟这些猴子去偷土蜂的蜂蜜了，万一让它多蜇几口，我这小心脏就衰竭了。”

派森恩趁着趴在地上的武功，理顺了一下刚才的一幕幕惊险场面，反复温习“切片”剑法。

“派大侠，你快振作起来，给大家发找茬奖吧！”弟子们来催他发奖。

“嗷！疼——我招惹土蜂，算是找到个大茬。”派森恩用手罩着额头，吃力地站起来。

“走，发奖去。呵呵——我自己找到危险的大 bug，头奖该发给我自己。”他满脸骄傲自得的神情。

猴子们跟在他后面，嗷嗷地叫着、跳着。

“找茬颁奖”开始——

这时，恰好有一群蝴蝶也舞成一串，绕着颁奖台缤纷起舞，好像特地来助兴似的，热闹无比。

武功秘籍

话说，派森恩跟着猴子偷蜂蜜不成，让群蜂追击，幸亏韩青锋用“切片”剑法阻击群蜂。之后，派森恩详细地研究了这些成串符号的处理，并记录在武功秘籍中。

常用的字符串数据处理方法

字符串是编程中最常用的数据类型之一，字符串的数据处理方法丰富多样。

1. 字符串的定义

用英文的单引号或双引号表示其值，即定义字符串。没有内容的为空串。

```
#P-19-1 字符串定义
s1=''              # 空字符串赋值
s2='123'           # 数字字符串赋值
s3="abc"           # 字母字符串赋值
s4="abc123"        # 字母数字混合字符串赋值
s5="abc'123'"      # 字符串嵌套
print(s1,s2,s3,s4,s5)
```

"青木镇有三宝：'山"水"木'"

【运行】

```
123 abc abc123  abc'123'
```

2. 字符串的基本处理

字符串可以进行 + 、*、[n]、[:] 、in 等处理。

```
#P-19-2  字符串处理
s1=''
s2='123'
s3='abc'
s4='abc123'
print(s2+s3)                    # 字符串连接
print(s2*5)                     # 字符串复制出 5 份
print(s2 in s4)                 # 字符串是否包含在另一个字符串中
print(s2 in s3)
print(s4[0],s4[5])              # 访问字符串中某位置的值
print(s4[1:3])                  # 字符串切片
```

【运行】

```
123abc
123123123123123
True
False
a 3
bc
```

3. 常用字符串函数

字符串与数字之间类型转换的函数有 str( )、int( )、float( ) 等。字符串长度（字符数量）函数为 len( )，字符与 ASCII 码之间的转换函数有 ord( )、chr( ) 等。

```
#P-19-3  字符串函数
print(int('123')+2)             #int() 是返回数字或数字内容字符
                                 串的整数值
print(str(123)+'xyz')           #str() 是返回字符串值
print(len('abc1234'))           #len() 是返回字符串、列表等序列的
                                 长度，即元素数量
print(ord('a'))                 # ord() 是返回字符的 ASCII 码
print(chr(97))                  # chr() 是 ASCII 码对应的字符
```

【运行】

```
125
123xyz
7
97
a
```

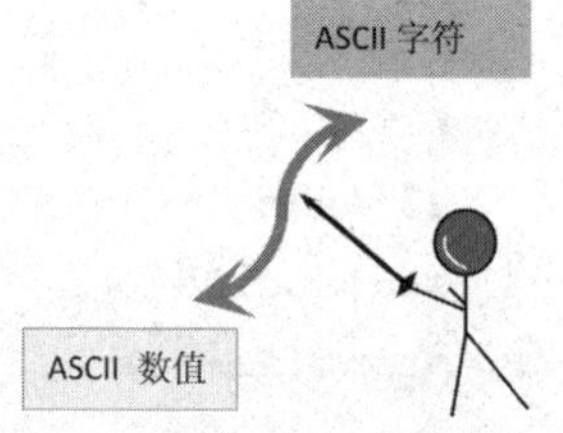

4. 字符串显示格式

字符串中有特定的符号，如 {}、%、\n 等时，有不同的显示功能。

```
#P-19-4  字符串显示格式
print("123\n456")    #\n 是换行显示
print("888\t999")    #\t 是横向制表显示
x=3
y=7
# 在 Python3.6 以后版本中，f 与 {} 配合可在字符串中输出表达式或变量值
print(f"{x}+{y}={x+y}")
#%s、%d、%0.3f  分别对应后面的变量或表达式，显示其原值、整数和保留3位小数的浮点数
print("x 为 %s ,y/x 的整数商为：%d , y/x 保留 3 位小数是：%0.3f"%(x,y/x,y/x))
```

【运行】

```
123
456
888        999
3+7=10
x 为 3 ,y/x 的整数商为：2 , y/x 保留 3 位小数是：2.333
```

5. 字符串数据、命令、表达式复原

字符串中的命令、表达式利用通用函数eval( )可以复原，如果是数字，转换后可以运算；如果是命令，复原后可以执行。

```
#P-19-5  字符串复原——eval
s1='1'
print(eval(s1)+100)      # 字符串 s1 复原成数字类型的值进行运算
s1='2**3'
print(eval(s1))          # 字符串 s1 复原成表达式进行运算
i=10
s2="print(i**2)"         # 字符串 s2 复原成命令进行执行
eval(s2)
```

【运行】

```
101
8
100
```

第二十回 前后呼应做列表，苦练盘龙新阵法——数据存储：列表访问修改

为“偷蜂蜜”的事，派森恩主动在晨练前向大家作出检讨，号召大家与动物们友好相处，共同维护大自然的生态环境。

不过，姬思木受此启发，也准备在派武馆操练“盘龙”新阵法。

只是土蜂这种字符串的队形太死板，如果有士兵受伤不便灵活替补。姬思木与派森恩、韩青锋经过研究秘籍，确定采用“列表”来排兵布阵。

派森恩记得韩青锋曾指导大家用列表来练习过“数据访问”剑法。

```
a=['刺','抽','劈','带','截','托','击',
'挂','抹','撩','拦','扫','点']
```

“还能用列表来设计阵法吗？”派森恩有些疑惑。

（一）追加数据，巧摆盘龙阵

姬思木用列表设计出的“盘龙阵法”，就像是舞龙灯一样，长而不乱，灵活多变。

派森恩找来一根长绳，指挥弟子们像舞龙灯一样演练阵法：人人都可以作为战士接上盘龙阵，以剑为杆，以绳为龙，排头还用毛巾绑在剑上当作龙头。

韩青锋用列表创作了“盘龙阵”的接龙方法：**列表变量.append(数据)**。

```
#P-20-1  盘龙阵法——追加数据
t=['甲','乙','丙','丁','戊','己','庚','辛']
print(len(t),'位战士：',t)
t.append('壬') #向列表t追加数据作为新元素
print(len(t),'位战士：',t)
t.append('癸')
print(len(t),'位战士：',t)
```

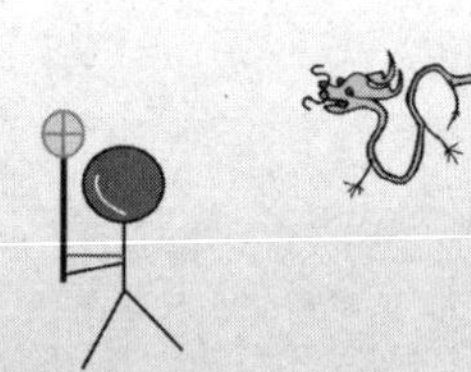

【运行】

```
8 位战士： ['甲', '乙', '丙', '丁', '戊', '己', '庚', '辛']
9 位战士： ['甲','乙','丙','丁','戊','己','庚','辛','壬']
10 位战士： ['甲','乙','丙','丁','戊','己','庚','辛','壬','癸']
```

盘龙阵越接越长，气势恢宏，力量无穷。

姬思木用列表设计出“盘龙阵法”，就像是舞龙灯一样，长而不乱，灵活多变。

（二）阵型机动，灵活出击

盘龙阵蜿蜒起伏，前后相连。派森恩摇一摇红旗，每个战士都可以随时出击，并能及时报告所在位置。

```
#P-20-2  盘龙阵——列表元素位置
t=['甲', '乙', '丙', '丁', '戊', '己',
'庚', '辛', '壬', '癸']
print(t[3])                  # 第 3 位置的数据
print(t.index('丁'))         #'丁'的位置
print(t[t.index('丁')])      #'丁'的位置上是谁
```

【运行】

```
丁
3
丁
```

派森恩用旗语指挥着越来越长的盘龙阵。一会儿把黄旗左右摇摆，用 **for x in t** 方式“召唤神龙战队”；一会儿把红旗前后转圈，用 **for i in range(len(t))** 方式“报数”，实行“车轮战术”。

```
#P-20-3  盘龙阵——遍历列表数据
t=['甲','乙','丙','丁','戊','己','庚','辛','壬', '癸']
for x in t:                  # 在列表内容中循环
    print(x,end='  ')
print()

i=1
for i in range(len(t)):  # 在位置范围内循环
    print(i,t[i],end='  ')
```

【运行】

```
甲  乙  丙  丁  戊  己  庚  辛  壬  癸
0 甲  1 乙  2 丙  3 丁  4 戊  5 己  6 庚  7 辛  8 壬  9 癸
```

派森恩站在台上，看着盘龙阵的战士们能灵活出击，还能用车轮战术围困敌人，对这盘龙阵的机动性与整体性都大为赞叹。

（三）战士随时替补

神奇的盘龙阵法正演绎得精彩绝伦，队伍猛然长了很多。

原来是猴子的一个队列自作主张地连接到盘龙阵尾。

```
#P-20-4  队伍相接——列表连接
t=['甲','乙','丙','丁','戊','己','庚','辛','壬','癸']
m=[1,2,3,4,5,6,7,8,9,10,11,12]
t=t+m            #列表连接
print('队伍变成：',t)
```

【运行】

```
队伍变成：['甲', '乙', '丙', '丁', '戊', '己', '庚', '辛',
'壬','癸', 1, 2, 3, 4, 5, 6, 7, 8, 9,10,11,12]
```

派森恩赶忙一下一下把小红旗往上挑，猴子们从后面一个个退出队伍。不一会儿，就累得他满头大汗。

```
#P-20-5  队尾出队
t=['甲', '乙', '丙', '丁', '戊', '己', '庚', '辛','壬',
'癸', 1, 2, 3, 4, 5, 6, 7, 8, 9,10,11,12]
x=t.pop()
print(x,'出队了！')
print('队伍变成：',t)

x=t.pop()
print(x,'出队了！')
print('队伍变成：',t)
```

【运行】

```
12 出队了！
队伍变成： ['甲', '乙', '丙', '丁', '戊', '己', '庚', '
辛', '壬', '癸', 1, 2, 3, 4, 5, 6, 7, 8, 9, 10, 11]
11 出队了！
队伍变成： ['甲', '乙', '丙', '丁', '戊', '己', '庚', '
辛', '壬', '癸', 1, 2, 3, 4, 5, 6, 7, 8, 9, 10]
```

这时，韩青锋走上前去，用红旗横向一挥，一片猴子全都退出队伍。

派森恩对这一幕似曾相识，瞪大眼睛，暗自念叨："这不是'切片'剑法吗？对付土蜂字符串很厉害，也可以指挥猴子吗？"

"**.index(x) 是列表索引函数**，用定位来配合'切片'，真妙！"派森恩暗暗称赞。

```
#P-20-6  列表索引与切片
t=['甲','乙','丙',
'丁','戊','己','庚',
'辛','壬','癸', 1, 2, 3,
4, 5, 6, 7, 8, 9, 10]
t=t[0:t.index('癸')+1]
print('队伍变成：',t)
```

```
【运行】
队伍变成：['甲','乙','丙','丁','戊','己','庚','辛','
壬','癸']
```

"派大侠，韩大侠定位'癸'的位置，后面为什么'+1'？"弟子小谷悄悄地问。

"真是个勤学好问的弟子，这切片是左闭右开区间，最后一个位置用不到，所以要 +1。"派森恩赞扬小谷的勤于思考。

"哦！那韩大侠直接找第一个猴子'1'的位置不就可以啦，比如 t.index(1)。"弟子小谷继续问。

"如果猴子'1'没有，就会出错的。"派森恩拍拍弟子肩膀提醒他。

大家正在热烈地讨论，眼尖的派森恩又发现"丁"摇摇晃晃的，有点儿坚持不住的样子。于是，他又拿起绿旗，双手将旗横举到头左上方，把"丁"撤下来，让弟子小"A"去'戊'前面插队替补。

```
#P-20-7  队员替补——列表元素删除、插入
t=['甲','乙','丙','丁','戊','己',
'庚','辛','壬','癸']
t.remove('丁')
print('队伍变成：',t)
t.insert(t.index('戊'),'A')
print('队伍变成：',t)
```

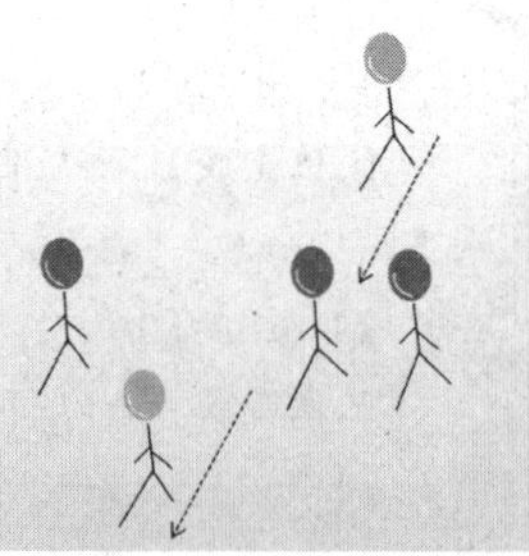

【运行】

```
队伍变成：['甲','乙','丙','戊','己','庚','辛','壬','癸']
队伍变成：['甲','乙','丙','A','戊','己','庚','辛','壬','癸']
```

弟子小谷看着派森恩一会儿 remove( )，一会儿又 insert( )，不仅问："派大侠，你这么麻烦干啥？直接 t[3]='A' 替补不行吗？"

派森恩呵呵一笑："**remove( ) 是撤下战士，也可以不补；insert( ) 是插队，不撤人也可以直接插队加人**。再说，'3' 是你数出来的吧？怎么也得弄个 t.index(' 丁 ') 才够自动化。"

```
#P-20-8 队员替换——列表内容替换
t=['甲','乙','丙','丁','戊','己','庚','辛','壬','癸']
t[t.index('丁')]='A'
print('队伍变成：',t)
```

【运行】

```
队伍变成：['甲','乙','丙','A','戊','己','庚','辛','壬','癸']
```

小谷挠挠头红着脸说："我是数出来的'3'，没想到可以用刚学的 index。"

派森恩又拍拍他的头，安慰道："现在知道也不晚嘛。"

（四）排序盘龙阵

这边，阵法练得正热闹。那边，被撤下的猴子们耐不住寂寞，自己也摆起盘龙阵法，只可惜七高八矮的很不像样。

姬思木把一面绣着"A->Z"，另一面绣着"Z->A"的"双令"白色镶金旗递给小谷，指指远处的猴子。

小谷像得到宝贝一样，把旗子抱在怀里，眼巴巴地看看派森恩，不知道是怕他抢去还是怕不让他去。

派森恩大气地说："去吧，好好指挥。你小子进步不慢。"

小谷赶紧跑过去，向左一摇旗"Z->A"，猴子们**"从高到低"排**起来，整齐有序。他高兴地又向右摇旗子"A->Z"，猴子们又**"从低到高"排**起来，

整齐划一。

```
#P-20-9  排序——列表排序方法
m=[3,2,5,7,6,9,8,1,4]
print('排序前：',m)
m.sort()              # 无参数排序默认从低到高排序，与
                        m.sort(reverse=False) 相同
print('从低到高排序：',m)
m.sort(reverse=True)# 设置参数为 True，从高到低排序
print('从高到低排序：',m)
```

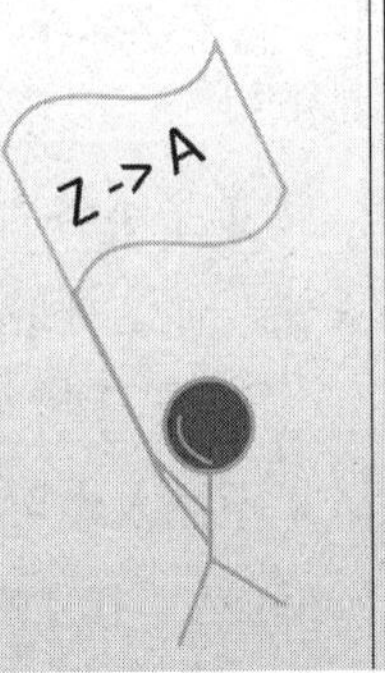

```
【运行】
排序前： [3, 2, 5, 7, 6, 9, 8, 1, 4]
从低到高排序： [1, 2, 3, 4, 5, 6, 7, 8, 9]
从高到低排序： [9, 8, 7, 6, 5, 4, 3, 2, 1]
```

“哇！列表排序这么厉害。”大家都有点儿嫉妒地看着小谷，羡慕他可以很有范儿地左一摇旗、右一摇旗。看那猴子们，都跟着旗令忙着排队，感觉得到认可似的，兴高采烈，不亦乐乎。

这时，在不远处的墙角处，隐隐约约有一个黑衣人。

黑衣人轻轻摇头，低声说：“唉！不知这阵法能不能挡住我的弩车！”

韩青锋猛然听见，一跃追去，只看到一闪而过的黑色背影。

武功秘籍

话说，大家让盘龙阵法的灵活迷倒了，都在好奇姬思木还有什么阵法。派森恩看过秘籍中的阵法，发现还有只冲锋不后退的“队列”冲锋阵法、关门打狗式的“栈”口袋阵法等。他特地抄来几张图纸，在大家面前显摆了一番。

了解列表与队列、栈的区别

数据存储的逻辑结构表现数据之间的关系，一般称作数据结构。常用的数据结构有数组、队列、栈、链表、树等。列表同时具有一些像数组、队列、栈的特征，非常灵活。

列表，数据处理灵活。它就像一个书架，里面放上书就是它的值。如果要看哪一本书可以随时抽出来，也可以在任何一个位置插入一本书，或者在最后加放一本书。口诀：自由出入。

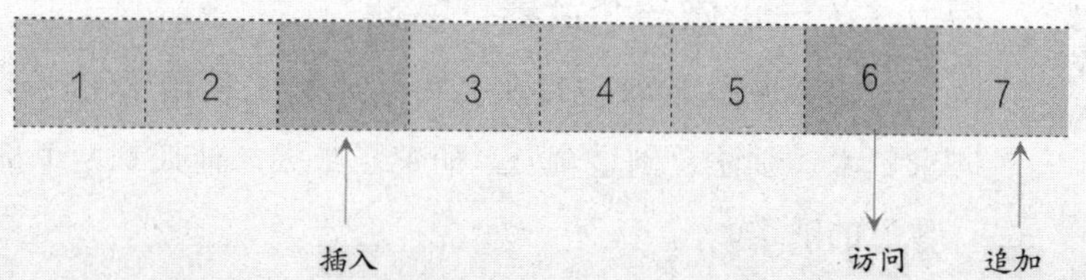

队列，这种数据结构就像单行道，车辆先进的先出，后进的后出，中间无法自由出入。口诀：先进先出。

入队 8 7 6 5 4 3 2 1 出队

栈，这种数据结构就像是一个一端开口的纸筒，把 n 个乒乓球放在一个纸筒里，后放进去的在上面，用的时候要先取后放进去的这个。口诀：先进后出。

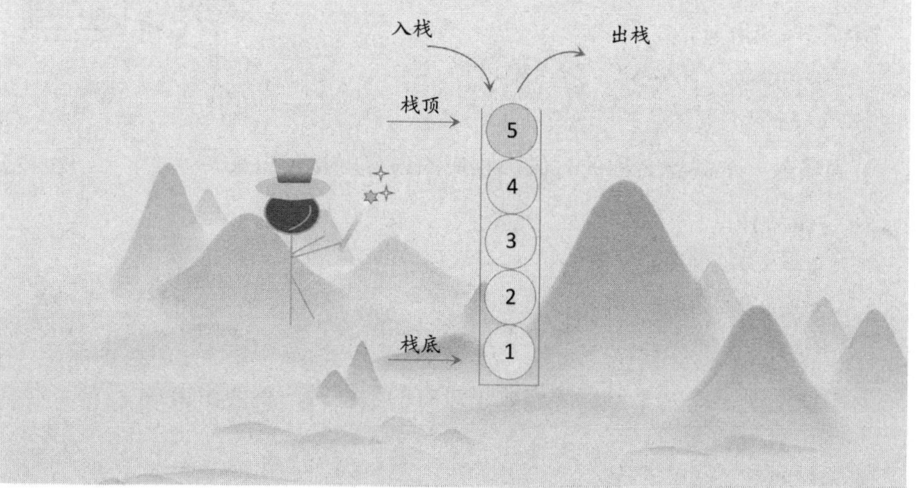

第二十一回 化字为典胸成竹，朦胧再现黑衣人——数据索引：字典索引访问

悬崖之战并没有真正战斗，时间一长，大家就慢慢淡忘了。

可黑衣人那句“不知这阵法能不能挡住我的弩车”猛然唤起了大家的记忆，让人们想起那只可怜的受伤雏鹰。

“黑衣人究竟是谁？”派森恩好奇地问韩青锋。

韩青锋不说话。

“黑衣人究竟是谁？”派森恩好奇地问姬思木。

姬思木也没说话。

“我得查出黑衣人究竟是谁。”派森恩意志很坚定的样子。

（一）做一个武器“字典”

派森恩这次很主动去找姬思木借来秘籍学习，他说要追求剑术、剑法、剑道合一。研究了半天，他找到一个称作“字典”的法宝。

```
字典变量名称 ={ 键 1: 值 1, 键 2: 值 2,……键 n: 值 n}
```

派森恩看后心中大喜，尝试把古代射击类的兵器做成字典。

```
#P-21-1  射击兵器——字典
d={'弓':'一种威力大、射程远的远射兵器。由弓臂和弓弦构成。',
   '弩':'用来射箭的一种兵器，是装有臂的弓，由
弩臂、弩弓、弓弦和弩机等组成。射程远，杀伤力强。',
   '箭':'借助弓、弩，靠机械力发射的远射兵器，
包括箭头、箭杆和箭羽。'}
x=input('请输入弓、弩或箭：')
print(x+' 是' + d [x])
```

当输入一个武器名称的时候，相应的内容就显示出来。

```
【运行】
请输入弓、弩或箭：弩
弩是用来射箭的一种兵器，是装有臂的弓，由弩臂、弩弓、弓弦和弩机等组成。
射程远，杀伤力强。
```

小迪发现，输入“矛”等字典里没有的数据时，就会出错。

```
KeyError: '矛'
```

于是，派森恩让小迪、小谷帮他输入更多的字典数据。并且，他为避免bug，把简单的print(x+' 是 ' + d [x]) 改成先判断后输出的办法。

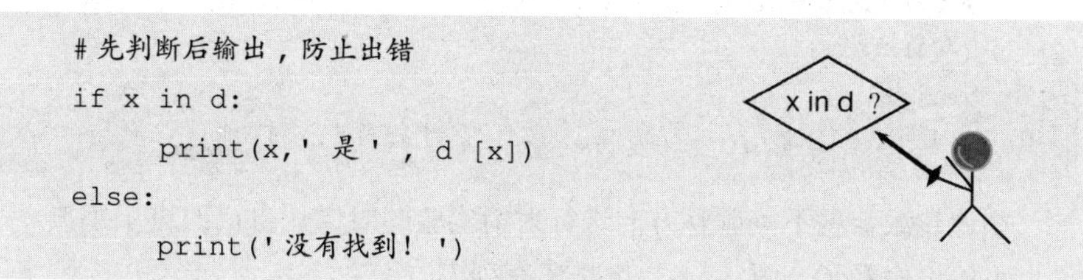


```
#先判断后输出，防止出错
if x in d:
    print(x,' 是 ', d [x])
else:
    print('没有找到！ ')
```

研究来研究去，他终于发现那只竹箭细小而锋利，应该是弩射出的，弓的力量没这么大，且容易走偏。派森恩想到这里，暗吸一口凉气，对谁也没有透露这个秘密。

（二）为字典添加数据

此后几天，派森恩没怎么出现在校场。他要么自己躲躲闪闪地带根竹子回来，关在屋里鼓捣东西；要么带小迪、小谷两个弟子和杨二舅去森林边上转来转去找东西。

这一天，天气晴朗。派森恩又带着他们外出，走过小桥，来到森林边上转悠。

杨二舅在草地上铺一块大花布，摆满零食、水果，大家开心地野餐起来。吃饱喝足，杨二舅去河边洗刷。派森恩拿出一本空白的字典。对，是空白的，一个字也没有。

然后，他让小谷去射箭，自己来观察箭的落地情况，并让小迪按他说的数据在字典上增加条目，详细记录。

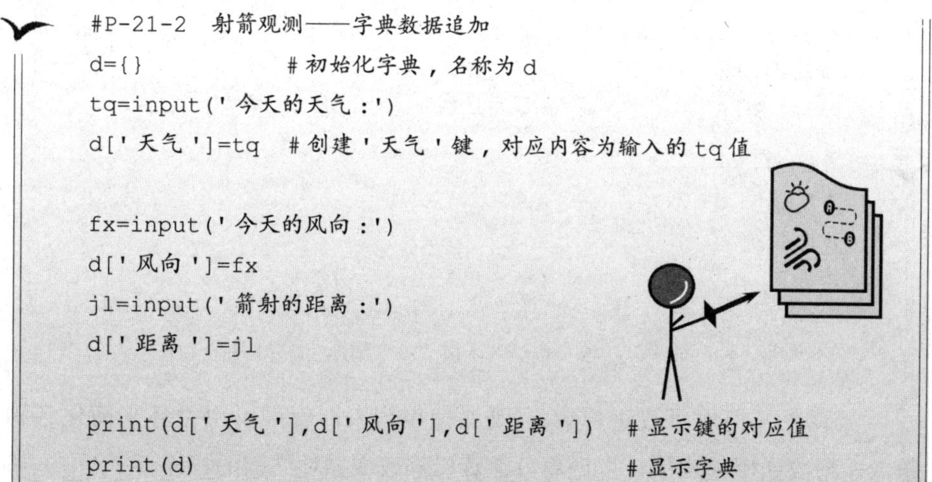

```
#P-21-2  射箭观测——字典数据追加
d={}              #初始化字典，名称为 d
tq=input('今天的天气：')
d['天气']=tq   #创建'天气'键，对应内容为输入的 tq 值

fx=input('今天的风向：')
d['风向']=fx
jl=input('箭射的距离：')
d['距离']=jl

print(d['天气'],d['风向'],d['距离'])   #显示键的对应值
print(d)                               #显示字典
```

【运行】

```
今天的天气：晴
今天的风向：东南
箭射的距离:10
晴 东南 10
{'天气': '晴', '风向': '东南', '距离': '10'}
```

小迪趁派森恩不停调整方向进行射箭实验的时候，自己改进了字典。

小谷偷偷看了一眼，问："你咋还有列表？"

小迪悄悄地告诉他："**字典中的值可用列表存数据**，写起来方便，改起来也方便。"

"改得不错嘛！"派森恩已经转过身来盯着字典看，对小迪大加表扬。

小迪有点儿不好意思地说："嘻嘻，这是派大侠原创，我只是优化——我发现列表、字典里的技巧还有很多，需要好好学习。"

```
#P-21-3 观测记录——列表用于字典
d1={}
xm=['天气','风向','距离'] #列表存储字典的键

x=input(xm[0])          #使用列表当作输入的提示信息
d1[xm[0]]=x             #使用列表当作键，并对应值 x
x=input(xm[1])
d1[xm[1]]=x
x=input(xm[2])
d1[xm[2]]=x
m=list(d1.values())     #把字典值都放在列表中
print(m)                #显示存值的列表
print(d1)               #显示字典
```

【运行】

```
天气晴
风向东南
距离 8
['晴', '东南', '8']
{'天气': '晴', '风向': '东南', '距离': '8'}
```

派森恩又提出了改进建议："既然使用列表，就可以用循环来简化各种输入，形成通用模式了。"说着，派森恩修改成循环结构的程序。

['天气','风向']

{'天气': '晴', '风向':'10'}

```
#P-21-4  观测记录——列表循环
d1={}
xm=['天气','风向','距离']  #列表存储字典的键
for  i in xm:              #循环访问列表
    x=input(f'请输入{i}:') #使用列表当作输入的提示信息，使用f'{i}'格式化输出
    d1[i]=x                #使用列表当作键，并对应值x
m=list(d1.values())        #把字典值都放在列表中
print(m)                   #显示存值的列表
print(d1)                  #显示字典
```

师徒三人将程序越改越自动化，他们沉浸在不断优化的喜悦中。

“嘎——”突然，树林里一只鹰飞上天去。

“嗖——”紧接着，一支箭射向空中，却没有射中。

“派大侠，你咋射鹰？”两个弟子不约而同发出惊愕的叫声。

派森恩猛地把两人摁倒在草丛里，低声说：“小声点儿！为师我与你们在这里，何时射箭了？”

“哦，也是，那是谁？”小谷吓得战战兢兢，说话像蚊子哼哼。

“嘘——等一会儿就知道了。”派森恩摇摇头。

等了好一会儿，树林里走出一个穿着黑色长袍的青年人，抬头看看蓝天，倏地一下又不见了，根本没让人看清长啥样。

“起来吧，我们去找这个黑衣人的箭。”派森恩将俩弟子拉起。

“找箭？草地这么大怎么找？”俩弟子非常困惑。

“找什么箭？要不要我帮忙呢？”这时候杨二舅回来了，他还不知道发生了什么事。

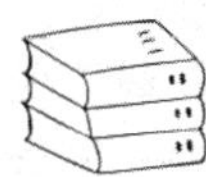

武功秘籍

话说，派森恩和弟子小迪、小谷一起不断优化“射箭观测”字典程序，体会到字典的访问还大有文章。于是，派森恩从秘籍里找到三种字典遍历方法，与弟子们逐一实验。

字典不同遍历方法的数据实验

【实验背景】

字典是常用的数据类型，也是一种数据存储结构。**字典因为有索引功能，非常有利于进行数据分类、检索**，可以通过数据实验来体验。

【实验程序】

```
#P-21-5  遍历字典的三种方法
d= {'a': 'art', 'b': 'book','c':'cat'}
print('字典：',d)
print('遍历键：',end=' ')
for k in d:  #遍历键
    print(k,end='     ')
print()

print('遍历值：',end=' ')
for v in d.values():#遍历值
    print(v,end='     ')
print()

print('遍历键、值：',end=' ')
for t in d.items():#遍历全部
    print('t值：',t,'t[0]值：',t[0],'t[1]值：',t[1],end='|')
```

【实验样本】

```
字典：{'a': 'art', 'b': 'book', 'c': 'cat'}
遍历键：a     b     c
遍历值：art     book     cat
遍历键、值：t值：('a','art') t[0]值:a t[1]值:art|t值：('b','book')
t[0]值:b t[1]值:book|t值：('c','cat') t[0]值:c t[1]值：(cat)|
```

【实验思考】

1. print('\n ',d.values( )) 会显示什么数据？
2. print(type(d.items( ))) 会显示什么数据？

第二十二回 草中寻箭摆数阵，角角落落全搜索——数据搜索：数字矩阵遍历

派森恩与俩弟子正在准备寻找黑衣人射出的箭。

弟子小谷问：“为什么要寻箭？”

弟子小迪说：“草这么高，一会儿就转迷糊了，天黑也找不完。”

“那咋办？再调大队人马来？”派森恩正没在草丛里，深有同感。

“那会打草惊蛇吧？”小迪说道，“派大侠，上次姬大侠的盘龙阵法好厉害，你再查查秘籍上还有啥阵法？”

杨二舅看大家不理他，就去林边草地里挖野菜了。

（一）用一维列表造出二维数阵

“我瞧瞧，你俩不能偷看哦。”派森恩把手伸进怀里，“这秘籍只有我才可以看，你俩放哨去。”

“好吧！”两个弟子远远地去站岗放哨。

“让我瞧瞧，这里也叫‘盘龙阵’，可这个列表看起来怎么不一样呢？”派森恩对自己的眼睛有些怀疑。

m=[0,0,0,0,0,0,
0,0,0,1,0,0,
0,0,1,0,0,0,
1,0,0,0,1,0,
0,0,0,1,0,1,
0,1,0,1,1,0]

“让我再瞧瞧这 36 个‘龙鳞’数。”也不知道派森恩是一个个数的，还是 6*6 算出来的。

“为什么排成 6 行 6 列？这样看着像是二维平面。”派森恩开始对自己的脑子有些怀疑，于是，耐心地用笔画一画，把六行连成一行后，实际是下面这样的：

m=[0,0,0,0,0,0,0,0,0,1,0,0,0,0,1,0,0,0,1,0,0,0,1,0,0,0,0,1,0, 1,0,1,0,1,1,0]

“的确是一个**一维列表**。试试下面这段程序再说。”派森恩高兴地打个响指。

```
#P-22-1 盘龙阵——一维列表显示二维数阵
m=[0,0,0,0,0,0,
   0,0,0,1,0,0,
   0,0,1,0,0,0,
   1,0,0,0,1,0,
   0,0,0,1,0,1,
   0,1,0,1,1,0]

print('一维列表输出二维数阵')
print(m[0:6])          # 输出 0-5 位置数据
print(m[6:12])         # 输出 6-11 位置数据
print(m[12:18])
print(m[18:24])
print(m[24:30])
print(m[30:36])
```

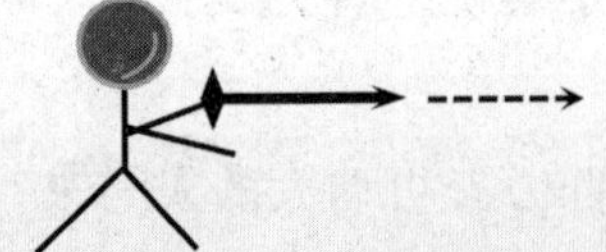

【运行】

```
一维列表输出二维数阵
[0, 0, 0, 0, 0, 0]
[0, 0, 0, 1, 0, 0]
[0, 0, 1, 0, 0, 0]
[1, 0, 0, 0, 1, 0]
[0, 0, 0, 1, 0, 1]
[0, 1, 0, 1, 1, 0]
```

“哎呀，原来结合‘三十六天罡阵’用列表组成的‘盘龙阵’，可以用切片剑法断成六段。”派森恩兴奋得大喊道。

“派大侠，怎么有天罡阵、盘龙阵法、切片剑法这么多名堂啊？”小迪远远听到派森恩的喊声赶忙问。

“没什么，你们等会儿再回来啊——”派森恩连忙翻到下一页。

（二）二维列表输出二维数阵

派森恩翻到下一页，那些成行的数都用“[ ]”框起来，改名叫“群龙阵”。

他瞧明白了，在二维列表中，每一行都变成了一个列表，他嘿嘿一笑说：“这是龙王们都到了。不一样的是，输出的时候没用切片剑法，更容易操作。”

```
#P-22-2 群龙阵——二维列表显示二维数阵
m=[[0,0,0,0,0,0],
   [0,0,0,1,0,0],
   [0,0,1,0,0,0],
   [1,0,0,0,1,0],
   [0,0,0,1,0,1],
   [0,1,0,1,1,0]]

print('二维列表输出二维数阵')
print(m[0])              # 输出第一组数据
print(m[1])              # 输出第二组数据
print(m[2])
print(m[3])
print(m[4])
print(m[5])

print('二维列表的数据访问')
print(m[0][0])           # 输出第一组的 0 位置数据
print(m[1][3])           # 输出第二组的 3 位置数据
```

【运行】

```
二维列表输出二维数阵
[0, 0, 0, 0, 0, 0]
[0, 0, 0, 1, 0, 0]
[0, 0, 1, 0, 0, 0]
[1, 0, 0, 0, 1, 0]
[0, 0, 0, 1, 0, 1]
[0, 1, 0, 1, 1, 0]
二维列表的数据访问
0
1
```

“列表里面还有子列表。”派森恩连起来看，其实就是跟下面列表赋值方式是一样的。

m=[[0,0,0,0,0,0],[0,0,0,1,0,0], [0,0,1,0,0,0], [1,0,0,0,1,0], [0,0,0,1,0,1], [0,1,0,1,1,0]]

派森恩高兴地连连用手打响指："你们快来看，不论是一维列表还是二维列表，都可以把这草地一行行地打上格！"

派森恩一抬头，惊诧地问："你们早到了？"

"派大侠，是你让我们来的。"小迪双眼直勾勾地去瞅秘籍。

"哦，你们来得真快。"派森恩折折秘籍，只露出一页来给他们看。

"嗯，感谢大度的派大侠，就是说前一页每行没有'[ ]'呗？"弟子小迪眨着眼睛问。

"你猜对一半。"派森恩狡猾地笑笑。

"哪里还有另一半？"弟子小谷凑过来。

"派大侠不给我们看，接下来做什么？"弟子小迪知道派森恩有办法。

（三）地毯式搜索竹箭

派林恩指着秘籍上的数阵讲起来："你们看，1 就好比是箭，现在我们要找到这些箭，记下箭的位置，并替换为 '0'。"

小谷最近进步很大，也想表现一下，就说："那天摆'盘龙阵'时，我看见一摇旗就用 .index('丁') 找到丁的位置，我们也可以这么来寻找！"

他连说带比画起来：**"先用 m.index(1) 找到第 1 个 1 的位置是 9，把 9 这里的数换成 '0'，继续找，继续换，最后全找完。"**

派森恩说："我们可以先做出程序来试一试，如果有问题我们再修改。"

于是，师徒三人开始做"草地寻箭"的程序。

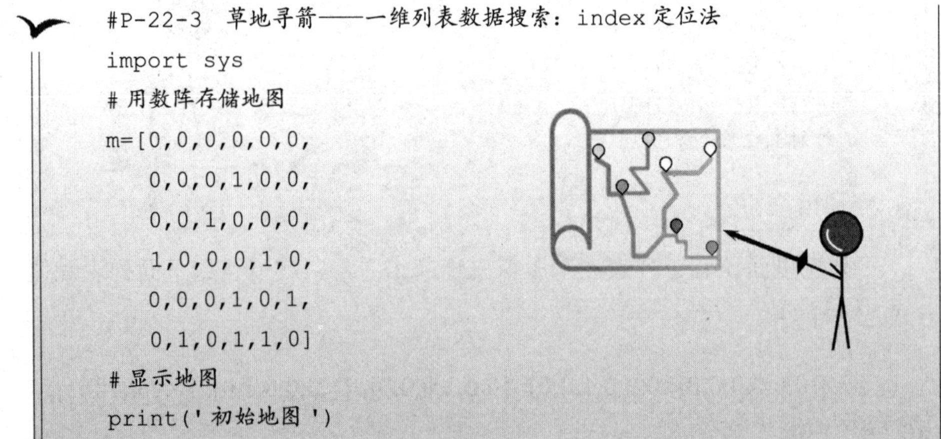

```
#P-22-3 草地寻箭——一维列表数据搜索：index 定位法
import sys
# 用数阵存储地图
m=[0,0,0,0,0,0,
   0,0,0,1,0,0,
   0,0,1,0,0,0,
   1,0,0,0,1,0,
   0,0,0,1,0,1,
   0,1,0,1,1,0]
# 显示地图
print('初始地图')
```

```
h=0                                   # 换行记录
for i in m:                           # 遍历地图
    print(i,end='  ')                 # 同行显示数
    h=h+1                             # 位置记录
    if  h%6==0:                       # 每 6 个数
        print()                       # 换行
print()                               # 换行

try:                                  # 尝试运行寻找箭
  s=0                                 # 找到的箭数量
  while True:                         # 一直寻箭
     w=m.index(1)                     # 定位箭的位置
     s=s+1                            # 计数找到的箭数量
     print(f'找到位置{w}有1，换成0.') # 显示当前箭的位置
     m[w]='0'                         # 箭 1 替换成 '0'

     # 显示地图
     print('更新的地图：')
     h=0                              # 换行记录
     for i in m:                      # 遍历地图
       print(i,end='  ')              # 同行显示数
       h=h+1                          # 位置记录
       if  h%6==0:                    # 每 6 个数
           print()                    # 换行
     print()                          # 换行

except:                               # 容错处理
    info = sys.exc_info()             # 获取异常信息
    print(info[1],f'已经没有1了！共发现{s}支箭。')
```

派森恩和弟子一边设计一边研究：“这个程序看着很长，分分段就简单了。这也是计算思维的分解嘛。可分成存储地图、显示地图、寻箭、容错处理 4 个子问题。”

小迪问：“为什么要在 try 下运行？”

派森恩说：“因为最后找完 1，再找就出错，出错可以去做 except 后面的语句块。”

小迪说："这容错的try和except组合真棒，这里info就是出错信息。"派森恩满意地点点头，表扬他们后赶快运行起来模拟一下寻箭过程。

```
初始地图
0  0  0  0  0  0
0  0  0  1  0  0
0  0  1  0  0  0
1  0  0  0  1  0
0  0  0  1  0  1
0  1  0  1  1  0

找到位置 9 有 1，换成 0.
更新的地图：
0  0  0  0  0  0
0  0  0  0  0  0
0  0  1  0  0  0
1  0  0  0  1  0
0  0  0  1  0  1
0  1  0  1  1  0

找到位置 14 有 1，换成 0.
更新的地图：
0  0  0  0  0  0
0  0  0  0  0  0
0  0  0  0  0  0
1  0  0  0  1  0
0  0  0  1  0  1
0  1  0  1  1  0

找到位置 18 有 1，换成 0.
更新的地图：
0  0  0  0  0  0
0  0  0  0  0  0
0  0  0  0  0  0
0  0  0  0  1  0
0  0  0  1  0  1
0  1  0  1  1  0
```

```
找到位置 22 有 1，换成 0.
更新的地图：
0  0  0  0  0  0
0  0  0  0  0  0
0  0  0  0  0  0
0  0  0  0  0  0
0  0  0  1  0  1
0  1  0  1  1  0

找到位置 27 有 1，换成 0.
更新的地图：
0  0  0  0  0  0
0  0  0  0  0  0
0  0  0  0  0  0
0  0  0  0  0  0
0  0  0  0  0  1
0  1  0  1  1  0

找到位置 29 有 1，换成 0.
更新的地图：
0  0  0  0  0  0
0  0  0  0  0  0
0  0  0  0  0  0
0  0  0  0  0  0
0  0  0  0  0  0
0  1  0  1  1  0
```

寻箭过程图

```
找到位置 31 有 1，换成 0.
更新的地图：
0  0  0  0  0  0
0  0  0  0  0  0
0  0  0  0  0  0
0  0  0  0  0  0
0  0  0  0  0  0
0  0  0  1  1  0

找到位置 33 有 1，换成 0.
更新的地图：
0  0  0  0  0  0
0  0  0  0  0  0
0  0  0  0  0  0
0  0  0  0  0  0
0  0  0  0  0  0
0  0  0  0  1  0

找到位置 34 有 1，换成 0.
更新的地图：
0  0  0  0  0  0
0  0  0  0  0  0
0  0  0  0  0  0
0  0  0  0  0  0
0  0  0  0  0  0
0  0  0  0  0  0

1 is not in list 已经没有 1 了！共发现 9 支箭。
```

寻箭过程图（续图）

歇息的时候，小迪和小谷又研究起来：“能不用定位，而用判断来寻箭吗？”

“派大侠，**在循环里判断每一个位置的数据是不是 1**，也可以模拟找箭吧？”小迪把新程序拿给派森恩看。

派森恩一看，大为惊讶：“你们设计得真不错。用判断就不会有溢出错误，连 try 都可以省掉。”

派森恩对弟子们的进步非常欣慰，开心地仔细欣赏起他们的程序来。

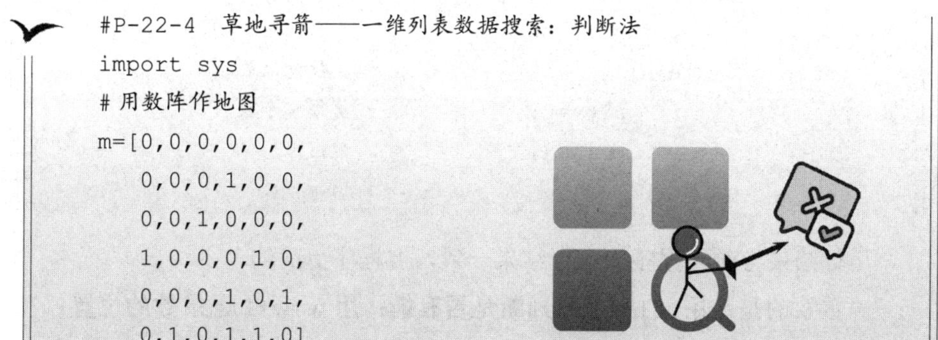

```
#P-22-4  草地寻箭——一维列表数据搜索：判断法
import sys
# 用数阵作地图
m=[0,0,0,0,0,0,
   0,0,0,1,0,0,
   0,0,1,0,0,0,
   1,0,0,0,1,0,
   0,0,0,1,0,1,
   0,1,0,1,1,0]
```

```
#显示地图
print('初始地图')
h=0                                     #换行记录
for i in m:                             #遍历地图
        print(i,end='  ')               #同行显示数
        h=h+1                           #数量记录
        if  h%6==0:                     #每 6 个数
            print()                     #换行
print()

#寻箭
s=0                                     #找到的箭数量
w=-1                                    #记录我的位置

for p in m:                             #遍历所有数据
      w=w+1                             #记录位值
      if p==1:                          #如果找到箭 1
         s=s+1                          #计数找到的箭数量
         print(f'找到位置{w}有1，换成0。目前找到{s}支箭')
                                        #显示位置、箭数
         m[w]='0'                       #箭替换成'0'

         #显示地图
         print('更新后的地图')
         h=0                            #换行记录
         for i in m:                    #遍历地图
              print(i,end='  ')         #同行显示数
              h=h+1                     #数量记录
              if  h%6==0:               #每 6 个数
                  print()               #换行
         print()
```

运行结果与前面程序的运行结果一致，但程序更简约。

“**重要的是，用 if p==1 来判断是否有箭；用 w=w+1 记录数的位置。**”派森恩指点着程序，再三表扬他们。

“可是，二维列表的方案我们还不会。”两个弟子高兴之余还不满足。

“二维列表？以后我们再查看秘籍一块去研究好吗？”他拍拍两位弟子，“走，现在去寻箭。”

他们在草地上标出列表的数阵，模拟出“盘龙阵”，逐个位置搜索，顺利找到不少细细的竹箭。

派森恩满意地下令收队，回营。

不过，派森恩还是有点儿担忧：“不晓得明天那黑衣人还来不来。如果他再射更多的箭，我们还要这么死死地进行地毯式搜索吗？得想个更高效率的办法让他的箭无处可藏。”

说到这里，他的步伐变得更加自信、矫健。

“喂！”杨二舅挎着竹篮在后面边追边喊，“臭小子们，你们走也不叫我——”

武功秘籍

话说，派森恩师徒三人在草地上规划列表一样的数阵，摆出了“盘龙阵”，找到了竹箭。之后，他们回到武馆后又改进阵法，演绎出二维列表的“群龙阵”。派森恩得意地把心得体会记在武功秘籍中。

二维列表的数据搜索实验

【实验原理】

二维列表的数据搜索，可用两重循环摆出“群龙阵”。

（1）第一重循环：先访问每一个子列表（一条龙），如 m[i]；

（2）第二重循环：再访问子列表中的每一个数（龙鳞），如 m[x][y]；

（3）箭位置：用 x、y 在两重循环中分别记录列表中的子列表和数位置，如 m[1][2] 是第 2 个子列表的第 3 个位置。

【实验程序】

运行以下程序，观察在二维列表中遍历搜索数据的过程。

```
#P-22-5  草地寻箭——二维列表数据搜索
import sys
# 数阵地图
m=[[0,0,0,0,0,0],
   [0,0,0,1,0,0],
   [0,0,1,0,0,0],
   [1,0,0,0,1,0],
   [0,0,0,1,0,1],
   [0,1,0,1,1,0]]
# 显示地图
print('初始地图')
for i in m:                      # 遍历地图的每一个子列表
    for j in i:                  # 遍历子列表中的每一个数
        print(j,end='  ')        # 同行显示数
    print()                      # 换行
print()                          # 换行
# 寻箭
s=0                              # 预设找到箭数量
x=-1                             # 预设子列表位置

for n in m:                      # 访问每一个子列表
    x=x+1                        # 记录子列表位置
    y=-1                         # 预设子列表中数据位置

    for p in n:                  # 遍历子列表中的数据
        y=y+1                    # 记录子列表中数据位置

        if p==1:                 # 如果当前数据是箭
            s=s+1                # 计数找到的箭数量
            print(f'找到位置[{x},{y}]有1，换成0。')
                                 # 显示当前箭的位置
```

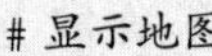

```
print(f'目前共找到{s}支箭')   #显示箭数
m[x][y]='0'                  #箭替换成'0'

#显示地图
print('更新后的地图：')
for i in m:                  #遍历地图的每一个子列表
    for j in i:              #遍历子列表中的每一个数
        print(j,end='  ')    #同行显示数
    print()                  #换行
print()                      #换行
```

【实验思考】

在二维列表中数据的位置是如何定位的？m[0,0]、m[1,1] 分别代表什么位置的数据？

第六章 新弩自动箭连发，枪林弹雨逞英豪

这场拦截阻击战，战事相当激烈。

第一波战斗，草丛里射出的箭方向各异，

派森恩与弟子各守一方，分工判断，逐一拦截。

第二波战斗，草丛里射出的箭既多又快，派森恩与弟子巧用热键模块，事件响应，自动拦截。

第三波战斗，草丛里射出的箭神出鬼没，派森恩与弟子升级算法，高效推理，快速拦截。

第四波战斗，草丛里射出的箭漫天飞舞，派森恩与弟子调用自定义函数，指挥战队，陆空并进。

第五波战斗，草丛里射出的箭密集如雨，派森恩与弟子启动事件响应，热键制导，天罗地网。

这种激烈的战斗，还有第六波、第七波吗？

在枪林弹雨之中，派森恩和弟子们能不断取胜吗？

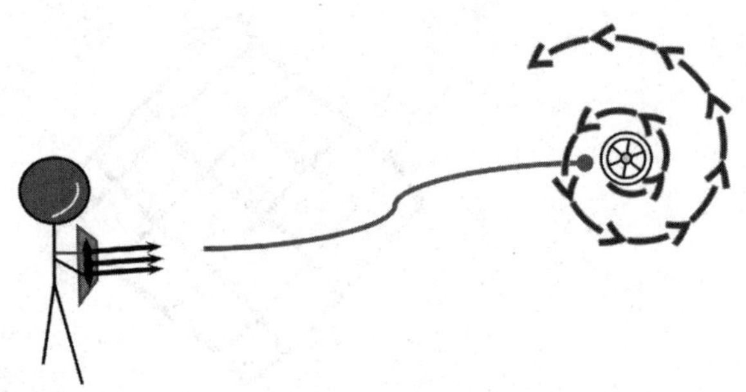

第二十三回 师徒携手同拦截，左腾右挪步生风
——判断：多分支与键盘事件响应

鸡叫三遍，天刚蒙蒙亮。

校场上有三个刻苦练功的身影。

原来是派森恩带人私自外出调查黑衣人，被姬思木发现，师徒三人因违反武馆纪律被罚练功三个早上。不过，派森恩看上去并不伤心，积极地带着俩弟子刻苦练习基本功。

有人议论："他们见到黑衣人后知道自己功夫还差太远，便更加努力地练习了。"

派森恩听到，也假装没听见，神态自若地认真练功。因为他知道决战的日子已不再遥远。

第二天早上，派森恩又早早起来带着弟子们来到校场，认真练习在梅花桩上腾挪行走。

"嗖——"突然一支响箭射在校场的一面大鼓上，鼓却无一丝响动。

派森恩慢慢地收拳，拍拍衣服，走到鼓边。只见一支带风哨的细竹箭刚刚射在鼓面上，这箭头有黏胶，力道也恰好，箭挂住却没损伤鼓面，真是好功力。

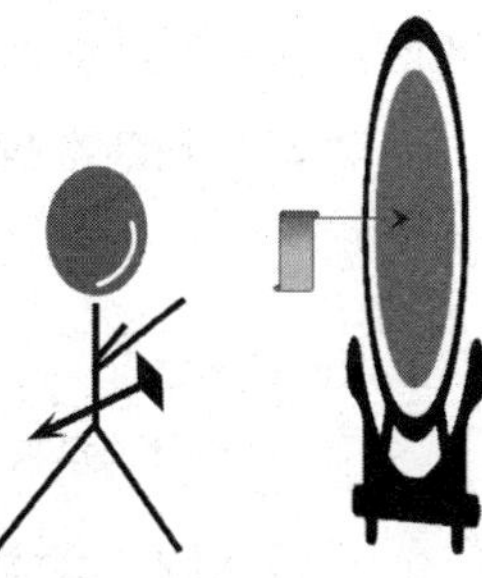

"派大侠，快看，箭上有布条。"小迪惊叫。

"派大侠，快看，布条上有字。"小谷也惊叫。

派森恩不慌不忙地取下箭，仔细看布条上的一行小字："明日河边比箭。"

他舒了一口气，点点头："我所料不错，该来的还是要来。"

他让弟子们继续练功，自己去找姬思木和韩青锋商议。

姬思木仔细端量一番布条，缓缓而言："看来，你预料的没错。"

韩青锋接过竹箭，除去黏胶，试试箭尖，锋芒无比，赞叹道："真是好手艺，幸亏没有射向你，不然——"

"哼！我可是受国法保护的，他敢以身试法吗？"派森恩说这话时丝毫没有胆怯。

"对，咱派武馆宗旨就是学习创新，保家卫国，哪里会进行恶斗。"韩青锋被刚才派森恩的正气凛然感动了。

（一）分工判断，四方阻击

第三天，东方刚露出一丝亮光。

派森恩师徒三人依计行动，跨过小河，来到草地。

夏天的清晨，露水挂满草叶，草高得淹没了小路。

他们正在草地边迟疑要不要走进去的时候，小迪喊起来："派大侠，草丛里有木桩。"

果然，有两排矮矮的木桩，刚刚高出草尖，左右错落地在草地上若隐若现，一直延伸到森林那边。森林边上的木桩上，赫然站立着黑衣人。

他朝着派森恩招招手，示意他们过去。

"上桩！"派森恩带头跳上木桩。

这些木桩是"之"字形排布，只能左腾右挪地前行。好在这几天苦练基本功，这点动作还难不倒他们。

"两位弟子听令，把箭上弩——我们往正南前进，小迪注意观察北面、西面，小谷观察东面，南面我来盯着。有箭射出来时，用箭射箭，不得伤人。"

"好！**判断准确，有效拦截**。我紧盯西面，策应北面！"小迪转身向后，开始警戒。

```
if 西面来箭  or 北面来箭 :
    小迪射击拦截
```

"没问题！我紧盯东面树林！"小谷快速观察。

```
if 东面来箭 :
    小谷射击拦截
```

派森恩一马当先，紧盯前方黑衣人，小心前行。

```
if 南面来箭 :
    派森恩射击拦截
```

后方还无敌人，西面草丛埋伏的敌人却频频射出利箭，小迪立即还以弩箭，箭头相撞，双双无声坠落草丛中。突然，东面树林也有大量飞箭射出，小谷毫不示弱，同样一一射落。就这样，师徒三人边战边走，很快来到草地中央。

这时，黑衣人平举一把小巧的弩，轻扣扳机，一支支细竹箭直冲派森恩

而来。派森恩不慌不忙，立即把他自造的弩机扣发，三箭齐发，直冲对方的箭飞去。

真是一场好战：北面、西面来箭，小迪迅速射落草丛，东面来箭，小谷准确击落。黑衣人来箭最猛，却让派森恩的三支箭“包扎”起来，滚落草丛中。

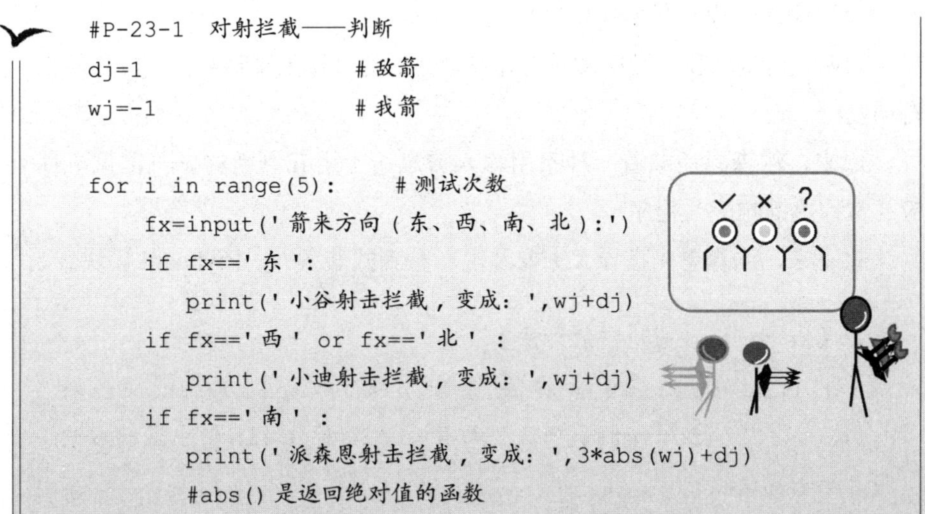

```
#P-23-1  对射拦截——判断
dj=1                    # 敌箭
wj=-1                   # 我箭

for i in range(5):      # 测试次数
    fx=input('箭来方向(东、西、南、北):')
    if fx=='东':
        print('小谷射击拦截，变成：',wj+dj)
    if fx=='西' or fx=='北' :
        print('小迪射击拦截，变成：',wj+dj)
    if fx=='南' :
        print('派森恩射击拦截，变成：',3*abs(wj)+dj)
        #abs()是返回绝对值的函数
```

【运行】

```
箭来方向(东、西、南、北):西
小迪射击拦截，变成： 0
箭来方向(东、西、南、北):东
小谷射击拦截，变成： 0
箭来方向(东、西、南、北):北
小迪射击拦截，变成： 0
箭来方向(东、西、南、北):南
派森恩射击拦截，变成： 4
箭来方向(东、西、南、北):东
小谷射击拦截，变成： 0
```

黑衣人看到派森恩的三箭同发，不禁感叹：“聪明！用三支箭挂个小网兜就把我的箭给包住，空中拦截有效。嘿嘿，你们给我等着！”

黑衣人冷笑一声，一跃而下，隐入森林中。

第一波战斗结束，派森恩师徒得到片刻的休息。

（二）响应热键，自动拦截

可没过多久，第二波战斗又打响了。

突然，四面八方来箭如雨似风，从草丛中快速地源源不断地飞出。

“派大侠，我判断跟不上！”小谷叫道。

“派大侠，我判断失误！”小迪也叫道。

“哈，这是逼我升级拦截系统，我给你们的弩接上**事件响应，自动判断，**自动发射。”

原来，派森恩还藏着一种不用输入信息、不用 if 判断的——键盘事件响应（常称热键响应）程序。

接下来，派森恩先指导大家安装上一种新式装备——keyboard 模块。

【keyboard 模块安装方法】

① 在 Windows 10 操作系统中，找到 C:\Program Files\Python 3.11\Scripts，确认里面有 pip3。按住 win 键 + 鼠标右键，调出命令窗口。

注意：如果使用苹果计算机的 macOS 系统，进入 "终端窗口 >-" 即可。

② 执行下面命令安装模块。

```
pip3 install keyboard -i https://pypi.tuna.tsinghua.edu.cn/simple
```

或

```
pip3 install keyboard
```

注意：如果出错，多是安装程序版本过旧，可以通过修复 pip 并更新版本。然后再重复②。

修复 pip：python -m ensurepip

一般直接更新容易出错，可在 Python 目录下使用用户权限更新：

```
python3 -m pip install --user --upgrade pip
```

安装好键盘模块后，就可以顺利执行程序。

注意，如果是macOS系统，调试时可暂把程序复制到用户文件夹中改成简单的名，如d.py，再在终端窗口执行sudo python3 d.py，输入用户密码即可。以后涉及macOS系统的问题可以在网上搜索。

```
#P-23-2  事件响应——热键判断显示信息
    import keyboard # 调用键盘模块
    print('请按箭头键（Esc键结束）：')
    keyboard.add_hotkey('up', print,
args=('南面来箭，派森恩射击拦截！'))
    keyboard.add_hotkey('left',
print, args=('东面来箭，小谷射击拦截！'))
    keyboard.add_hotkey('right',
print, args=('西面来箭，小迪射击拦截！'))
    keyboard.add_hotkey('down', print,
args=('北面来箭，小迪射击拦截！'))
    keyboard.wait('Esc')
```

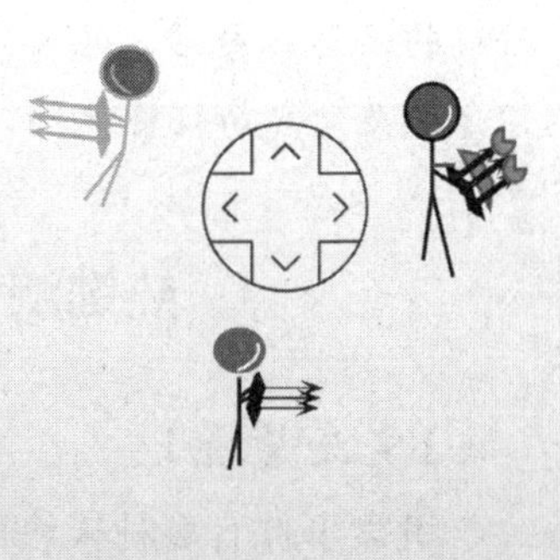

【运行】

```
请按箭头键：
东面来箭，小谷射击拦截！
西面来箭，小迪射击拦截！
北面来箭，小迪射击拦截！
南面来箭，派森恩射击拦截！
```

有了自动拦截，现在轻松了，派森恩就给大家讲讲热键响应的道理：“在热键加载keyboard.add_hotkey中，关键参数是(key，act，args=(info))。意思是按key键，就把info送到act去执行。”

“派大侠，那up、left就是箭头方向键，其他键可以当热键吗？”小迪玩过游戏，对箭头很熟悉。

“是的，其他键有的也可以，名称对就行，以后我告诉你其他键的名称怎么测出来。”派森恩平时操作时对热键也特喜欢。

“派大侠，作出响应时间其他函数可以吗？”小谷突发奇想。

“必须可以啊！”派森恩肯定地拍拍小谷的肩膀。

第二波大战非常激烈，幸亏有“热键”才能应付自如。

临近中午，双方休战，下午再战。

武功秘籍

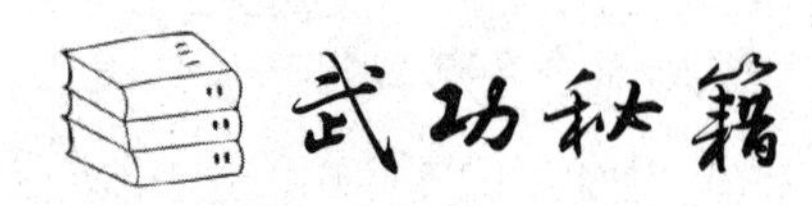

话说，两波拦截阻击战，从判断到响应，武器性能不断升级，让派森恩师徒尝到了自动化的甜头。休战间隙，派森恩又教俩弟子如何测试按键的名称。之后，他又实验另一种更灵活的热键监听模块 pynput，把用法记录在武功秘籍中。

热键测试与键盘模块响应实验

【实验背景】

键盘事件有多种模块可以实现，但需要安装相应的模块。不同的模块对键的判断方式、功能调用也不一样。pynput 是更灵活的键盘监听模块。

【实验准备】

1. 安装不同的键盘模块：pynput、keyboard。如，可尝试用 pip3 install pynput 来安装。

2. 搜索了解 keyboard 如何记录加载热键。

【实验程序】

1. 记录热键名字，观察自动排序的结果。

```
#P-23-3  记录热键名字
import keyboard
def key(x):                              # 按键后调用的自定义函数
    print('你按的键是：',x.name)         # 按键的名称：变量 .name
print('请按一个键 ,Esc 键结束——')       # 提示
keyboard.on_press(key)                   # 监听按键
keyboard.wait('Esc')                     # 等待监听，按 Esc 结束
```

【测试样本】

```
请按一个键 ,Esc 键结束—
你按的键是： up
你按的键是： down
你按的键是： left
你按的键是： right
你按的键是： right shift
你按的键是： shift
你按的键是： Esc
```

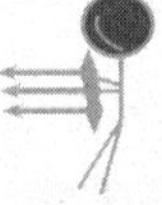

2. 实验 pynput 监听键盘事件。

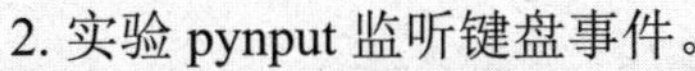

```
#P-23-4  灵活的热键判断
from pynput import keyboard
import os
def on_press(key):                                   # 判断热键
  try:
     print(f' 字符键 {key.char} 被按下 ') # 显示字符热键名称
     # 可根据不同字符键进行功能设计

  except AttributeError:
     print(f' 特殊键 {key} 被按下 ')        # 显示特殊热键名称
     if str(key)=='Key.up':                # 如果按上箭头键
            print(" 南面来箭 , 派森恩射击拦截！ ")
     if str(key)=='Key.Esc':os._exit(0)  # 如果 Esc 键按下，退出程序
# 主程序
print (' 请按一个键 ,Esc 键结束——')
while True:
    with keyboard.Listener(on_press = on_press) as listener:
                                                       # 监听按键
       listener.join()
```

【测试样本】

```
请按一个键，Esc 键结束——
特殊键 Key.left 被按下
特殊键 Key.up 被按下
南面来箭，派森恩射击拦截！
特殊键 Key.right 被按下
字符键 a 被按下
字符键 1 被按下
Key.Esc 被按下
```

【实验思考】

1. 如何区分字符键与功能键的热键？
2. 如何设置热键的响应处理的函数？

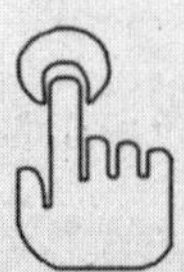

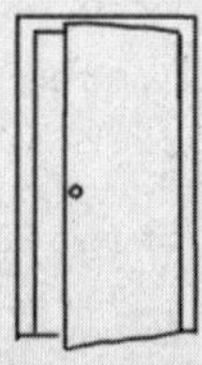

第二十四回 各守一方齐阻击，陆空战队听号令——推理：逐步推理与自定义函数

中午时分，万籁俱寂。

在第三波阻击战爆发之前，派森恩趁机又跟弟子们一起优化战术，以应对即将到来的更激烈的战斗。

（一）推理拦截，全面阻击

派森恩讲道：“我们原来是分工判断，现在试试换成推理。你们看好自己的方向，剩下的就是我的。”说着，修改成推理算法。

```
if 含"西"或"北"方向来箭
    小迪射击拦截
    continue    # 转到循环开始处
if 含"东"方向来箭：
     小谷射击拦截
else:
     派森恩射击拦截
```

小谷向东认真观察：“这样好，还能省下最后一个判断。”

小迪向西、向北观察：“对呀，我自己是单分支结构，你和派大侠一块变成双分支结构。”

小谷想了想，诚恳地说：“这样就要辛苦派大侠了。除小迪和我阻击方向之外的，比如上方来箭也要派大侠拦截。”

派森恩点点头：“我们还要兼顾相关的方向，为兼顾西北、东南这些方向，就**不要用==来判断了，改用 in 来判断，包含方向更周全**。”

小迪说：“明白，西、西方、西面、西南、西北这些方向我都兼顾。”

```
#P-24-1  对射拦截——推理
dj=1                    # 敌箭
wj=-1                   # 我箭
for i in range(10):     # 拦截 10 次
    fx=input('箭来方向:')

    if '北' in fx or '西' in fx :
        print('小迪射击拦截，变成:',wj+dj)
        continue         # 返回循环开始，执行下一次循环
```

```
    if  '东' in fx:
        print('小谷射击拦截，变成：',wj+dj)
    else:                   # 其他情况
        print('派森恩射击拦截，变成：',3*abs(wj)+dj)
```

【运行】

```
箭来方向：东
小谷射击拦截，变成： 0
箭来方向：东方
小谷射击拦截，变成： 0
箭来方向：东面
小谷射击拦截，变成： 0
箭来方向：北
小迪射击拦截，变成： 0
箭来方向：西
小迪射击拦截，变成： 0
箭来方向：南
派森恩射击拦截，变成： 4
箭来方向：南面
```

在测试时，小迪忘记加“continue”，结果当北面、西面来箭时派森恩也得再拦截一次。

小迪说：“如果不用 continue 返回循环开始，那么也可**用分支嵌套来层层推理吧**？”

派森恩说：“言之有理。”

```
if 含"西"或"北"方向来箭：
   小迪射击拦截
else:
   if 含"东"方向来箭：
         小谷射击拦截
   else:
         派森恩射击拦截
```

小谷运行后说：“用分支嵌套程序推理好烧脑！”

```
#P-24-2  对射拦截——分支嵌套
dj=1                  # 敌箭
wj=-1                 # 我箭
for i in range(10): # 拦截 10 次
   fx=input('箭来方向 :')
   if  '北' in fx  or  '西' in fx :
       print('小迪射击拦截，变成: ',wj+dj)
   else:
       if  '东' in fx:
           print('小谷射击拦截，变成: ',wj+dj)
       else:
           print('派森恩射击拦截，变成: ',3*abs(wj)+dj)
```

派森恩看这个嵌套程序的确有些烧脑。他又弄出个**“elif”多分支的推理算法**。

```
if  含"西"或"北"方向来箭 :
      小迪射击拦截
elif 含"东"方向来箭 :
      小谷射击拦截
else:
      派森恩射击拦截
```

这样一来，拦截程序果然简洁许多。

```
#P-24-3  对射拦截——多分支 elif
dj=1                  # 敌箭
wj=-1                 # 我箭
for i in range(10): # 测试拦截 10 次
   fx=input('箭来方向 :')
   if  '北' in fx or '西' in fx :
        print('小迪射击拦截，变成: ',wj+dj)
   elif  '东' in fx:
        print('小谷射击拦截，变成: ',wj+dj)
   else:
        print('派森恩射击拦截，变成: ',3*abs(wj)+dj)
```

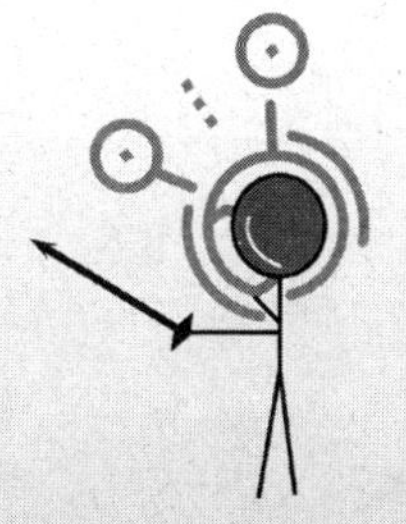

小迪、小谷努力地演练新的推理算法，都连称好用。

午后，太阳火辣辣的，烤得人脸疼。

可是第三波阻击战还是如期打响了，这次箭更密集、更快速。

派森恩师徒三人眼观六路、耳听八方，将四面埋伏各个击破。

（二）自定义函数，陆空战队

第三波战斗仍然不分胜负。所以，很快第四波战斗接着打响。

战事正酣，突然空中传来声声雄鹰叫声。

“派大侠，快看！那是我们的空中援军吧？”小迪指着天空。蓝蓝的天上果然有一群雄鹰来回盘旋。

这时，草地左边也传来吼吼的叫喊声，原来猴子战队也来助战了。

看这空中、陆上的每一个战队，都是各有战阵、秩序井然。

其实，派森恩作为阻击战的指挥早有准备，出发前姬思木已经给他一个**计算思维的“分解”锦囊——“自定义函数”**的战队指挥密令，用它调用各战队非常得心应手。

```
def 自定义函数名（参数 1，参数 2……参数 n）：
        函数体（程序块）
        return 函数值（或变量、表达式）
```

小迪说：“猴王就是函数名，它领导着 m 只猴子组成战队，每一个战士一下打掉三支箭。”

小谷说：“鹰王也是函数名，带领着 n 只雄鹰，一只雄鹰就能啄掉两支箭。”

看这空中、陆上的每一个战队，都是各有战阵、秩序井然。

```
#P-24-4 陆空战队——自定义函数
def  monkey(m):
    print(f"这里是猴子战队，共有战士:{m}名，个个英勇无敌！")
    return m*3

def  hawk(n):
    print(f"这里是雄鹰战队，共有战士:{n}名，
只只奋勇无比！")
    return n*2

#主程序
#调用自定义函数monkey(m)，参数值为变量m
m=int(input("\m猴子只数："))
print(f"猴战队{m}只猴子，共击落{monkey(m)}支箭。")

#调用自定义函数hawk(n)，参数值为变量n
n=int(input("\n雄鹰只数："))
print(f"雄鹰战队{n}只鹰，共击落{hawk(n)}支箭。")
```

看吧，派森恩不仅能轻松自如地调用自定义函数来号令陆、空各个战队，还可以看到各战队战斗一次后汇报的战绩，真是简洁、直观、易用。

```
【运行】
猴子只数：12
这里是猴子战队，共有战士:12名，个个英勇无敌！
猴战队12只猴子，共击落36支箭。

雄鹰只数：31
这里是雄鹰战队，共有战士:31名，只只奋勇无比！
雄鹰战队31只鹰，共击落62支箭。
```

正当陆空战队奋勇拦截之时，黑衣人又不见了。足见用自定义函数号令各战队的强大力量。

第四波阻击战就此落下帷幕。

（三）热键响应，超强指挥

派森恩借这间隙，又与大家一起反思、研究。

小迪说：“**用热键也可以调用自定义函数**吧？”

小谷说：“这么多战队，让我们各负责一个方向，派大侠更机动地拦截吧！”

派森恩从善如流，马上采用建议，赶紧升级拦截程序。

```
#P-24-5  战队指挥——自定义函数的热键调用
import keyboard
mj=hj=dj=gj=0        # 计数各战队拦截数量

def  monkey(x):
    global mj        # 声明 mj 是全局变量，其值在全程序有效
    x=int(x)
    print(f'这里是猴战队，共有战士:{x}名，个个英勇无敌！')
    mj=mj+x*3        # 累加战绩
    print(f'猴战队共拦截{mj}支东面来箭。')

def  hawk(x):
    global hj
    x=int(x)
    print(f'这里是雄鹰战队，共有战士:{x}名，只只奋勇无比！')
    hj=hj+x*2        # 累加战绩
    print(f'雄鹰战队共拦截{hj}支南面来箭。')

def xd(x):
   global dj
   dj=dj+1           # 累加战绩
   print(x)
   print(f'小迪共拦截{dj}支北面来箭。')

def xg(x):
   global gj
   gj=gj+1           # 累加战绩
   print(x)
   print(f'小谷共拦截{gj}支西面来箭。')
```

```
# 主程序
j=0
print('请按箭头键：')
keyboard.add_hotkey('up', hawk, args=('31',))
keyboard.add_hotkey('left', monkey, args=('12',))
keyboard.add_hotkey('down',xd, args=('北面来箭，小迪拦截。',))
keyboard.add_hotkey('right', xg, args=('西面来箭，小谷拦截。',))

keyboard.wait('Esc')
```

派森恩拍拍肚子说：“人家是胸有成竹，我是虚怀若谷。不同热键调用不同的自定义函数，用 args 把数据传给相应的函数，就把工作交给相应的函数来做，真省事。global 用来声明全局变量，让变量在函数内外都有效，每次战斗都可以累加战绩。”

小迪、小谷不约而同地说：“我们是学徒，功力尚浅，不敢争功。”

派森恩竖起大拇指：“哈哈！你们也学会了虚怀若谷。战斗马上开始，我们现在需要的是胸有成竹。”

派森恩手一挥、剑一指，每一个战队各就各位。

第五波战斗开始。

各战队根据派森恩指挥中心的命令，或嘴叼，或棍拨，或箭射，来箭纷纷被拦截落地。

【运行】

```
请按箭头键：
这里是猴战队，共有战士：12 名，个个英勇无敌！
猴战队共拦截 36 支东面来箭。
西面来箭，小谷拦截。
小谷共拦截 1 支西面来箭。
北面来箭，小迪拦截。
小迪共拦截 1 支北面来箭。
这里是雄鹰战队，共有战士：31 名，只只奋勇无比！
雄鹰战队共拦截 62 支南面来箭。
```

```
这里是雄鹰战队，共有战士：31 名，只只奋勇无比！
雄鹰战队共拦截 124 支南面来箭。
这里是猴战队，共有战士：12 名，个个英勇无敌！
猴战队共拦截 72 支东面来箭。
北面来箭，小迪拦截。
小迪共拦截 2 支北面来箭。
```

派森恩一边挥剑号令，一边喜滋滋地观看飞箭如雨坠落——这第五波阻击战，真的是战了个天昏地暗。

武功秘籍

话说，派森恩师徒三人用各种分支来判断、选择、推理不同的来箭情况，并用自定义函数来号令陆空战队，充分展现出强大的团队合作精神。之后，小谷因特别喜欢自定义函数，实验设计出“算术游戏动物园”，既展示了模块化设计思想，又为武馆外面的小朋友练习口算提供一款好软件。这个优秀作品让派森恩高兴地收录在武功秘籍中。

用自定义函数模块化程序设计实验

【实验背景】

为进一步体验自定义函数的功能特点，本实验提供一个供小朋友练习口算的趣味游戏。大家可以运行程序，并尝试自我完善、改进程序。

【实验程序】

```
#P-24-6  算术游戏动物园——模块化设计
import random
def jiafa():                                # 加法自定义函数
    x=random.randint(1,10)                  #1 随机整数
    y=random.randint(1,10)                  #1 随机整数
    print(x,"+",y,"=  ",end="")             # 显示算式
    z=int(input())                          # 输入口算结果
    if z==x+y:                              # 判断对错
        print(" 正确，你真棒！ ")
        for i in range(z):print(" 喵 ~ ",end=" ")
                                            # 显示答案数量的喵~
        print("\n")
    else:
        print(" 错了，下次要细心哦！ ")
def jianfa():                               # 减法自定义函数
    x=random.randint(1,10)
    y=random.randint(1,10)
    if x<y:                                 # 大小判断，保证 x 值大
        x,y=y,x                             # 交换变量值
    print(x,"-",y,"=  ",end="")
    z=int(input())
    if z==x-y:
        print(" 正确，你真棒！ ")
        for i in range(z):print(" 汪 ~ ",end=" ")
        print("\n")
    else:
        print(" 错了，下次要细心哦！ ")
def chengfa():  # 乘法自定义函数
    x=random.randint(1,10)
    y=random.randint(1,10)
```

```
    print(x,"×",y,"=  ",end="")
    z=int(input())
    if z==x*y:
        print(" 正确，你真棒！ ")
        for i in range(z):print(" 喔～ ",end=" ")
        print("\n")
    else:
        print(" 错了，下次要细心哦！ ")
def chufa():                          # 除法自定义函数
    x=2
    y=3
    while x%y!=0 or x==y:             # 确保够除且不相等
      x=random.randint(1,20)
      y=random.randint(1,20)
    print(x,"÷",y,"=",end="")
    z=int(input())
    if z==x/y:
        print(" 正确，你真棒！ ")
        for i in range(z):print(" 哞～ ",end=" ")
        print("\n")
    else:
        print(" 错了，下次要细心哦！ ")
```

```
def jiemian(se):                              # 选项界面
    while se not  in  [1,2,3,4,0]:            # 确保输入正确的数字标号
        print("-------------------- ")
        print("1  小猫跟你玩加法 ")
        print("2  小狗跟你玩减法 ")
        print("3  小鸡跟你玩乘法 ")
        print("4  小牛跟你玩除法 ")
        print("0  退出 ")
        print("--------------------")
        se=int(input(" 请输入数字，选择一个动物小朋友 :"))
    return se

# 主程序
while 1:
    se=jiemian(99)
    if se==1:jiafa()                  # 根据不同选择调用不同模块
    elif se==2: jianfa()
    elif se==3:chengfa()
    elif se==4:chufa()
    else:break
```

【实验过程】

请运行程序，体验口算训练。

【实验样本】

```
--------------------------
1   小猫跟你玩加法
2   小狗跟你玩减法
3   小鸡跟你玩乘法
4   小牛跟你玩除法
0   退出
```

```
--------------------------
请输入数字，选择一个动物小朋友：1
4 + 2 =  6
正确，你真棒！
喵~  喵~  喵~  喵~  喵~  喵~

请输入数字，选择一个动物小朋友：3
6 ×4 =  25
错了，下次要细心哦！

请输入数字，选择一个动物小朋友：3
5 ×2 =  10
正确，你真棒！
喔~  喔~  喔~  喔~  喔~  喔~  喔~  喔~  喔~  喔~
```

【实验反思】

1. 各种模块化设计的功能如何调用？

2. 除法运算前为什么需要容错处理？

第二十五回 回文数字含对称，行列控制摆阵型——控制：数阵遍历与回文数判断

第六波战斗很快就打响了。

瞧，敌方火力有多猛。

“嗖——嗖——嗖——嗖——嗖”，每一个方向都是五箭连发。

“嗖——嗖——嗖——嗖——嗖”，小迪、小谷两人五箭拦截。

“哎哟——我的鼻子！”“哎哟——我的脸！”

对方在换箭的档口，突然从四面八方的草丛里传来各种“哎哟”声。

（一）计数循环，自动延时连发

敌方五箭连发的弩里面也有“计数循环”，这种循环能够自动连续发射。

```
for 循环变量 in range(初值,终值,步长):
    循环体
```

弟子们以前多次用过计数循环，但大都是用range(x)方式，默认从0开始，步长为1。

```
#P-25-1  五连发——计数循环
for i in range(5):  #循环格式
    #循环体，循环变量运用
    print(f'发射第{i+1}支箭','!'*(i+1))
```

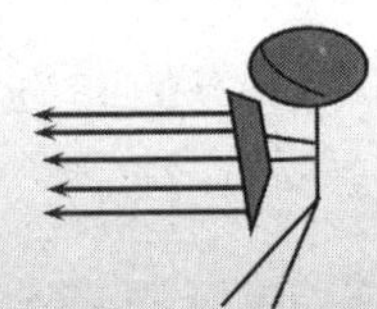

```
【运行】
发射第 1 支箭 !
发射第 2 支箭 !!
发射第 3 支箭 !!!
发射第 4 支箭 !!!!
发射第 5 支箭 !!!!!
```

派森恩说：“设置初值、终值、步长，控制更灵活。**循环范围是开区间，循环变量达不到终值；步长是循环变量每次变化（递增或递减）的值，省略**

时默认为1，负数时表示递减。”

看着对方的五连发，派森恩感慨地说：“幸亏我们的自动弩更优秀，将以彼之道还施彼身。”

派森恩和弟子们换上的是他们“闭门造车”的新弩。这弩更自动化，并能延时发射，打敌方一个时间差。

大家还记得他们在草地上地毯式搜索竹箭吗？

通过搜索发现，最多有五支箭位置相近，派森恩推断对方的弩可能是五连发。所以派森恩制造的是n连发的自动延时连发弩，不仅更换箭盘的次数少，还可以超过敌方再加发，打对方一个上箭的时间差。

这时间差的原理也简单。派森恩预先给弩加上时间模块，**用time.sleep(x)间隔x秒自动延时发射**。x越小弩延时越短，射得越快。

```
#P-25-2  自动延时连发弩——时间模块
import time                  # 导入时间模块
s=int(input('请输入连发的箭支数：'))
for j in range(1,s+1):
    time.sleep(0.1)  # 间隔 0.1 秒
    print('第',j,'支箭')
time.sleep(1)                # 间隔 1 秒 ，加射一支箭
print('加发一支，第',j+1,'支箭')
```

“小谷师弟，我们准备充足的箭，战斗又要开始了。”小迪低声叮嘱道。

“收到！”小谷给弩上足箭盘。

小迪按下扳机，连发5箭。对方以为发射结束，刚一露头鼻子就中一箭，“哎吆”一声惨叫。

```
【运行】
请输入连发的箭支数：5
第 1 支箭
第 2 支箭
第 3 支箭
第 4 支箭
第 5 支箭
加发一支，第 6 支箭
```

小迪嘿嘿一笑："这延时再加发一箭，真是打他个出其不意。"

（二）心中有剑，一切皆是剑

现在的派森恩，站在队前，气定神闲地挥剑指挥各个战队，看上去非常胸有成竹。

只见派森恩默念一声姬大侠教给大家的剑道心诀："手中无剑，心中有剑。"在他心中仿佛也在用**循环遍历字符串的每一个汉字、每一个字母、每一个标点符号。**

```
#P-25-3  心诀——计数循环遍历字符串
s='手中无剑，心中有剑。OK？'
for x in s:
    print(x,end='@')
print()
```

【运行】

```
手@中@无@剑@,@心@中@有@剑@。@O@K@？@
```

这种遍历字符串，对中文按字、对英文按符号的循环，直接用 in 就万事大吉。

刹那间，派森恩是剑在心中，也在手上，对在列表中的剑术也是用个 in 就挥剑自如。

```
#P-25-4  剑招——循环遍历列表
m=['刺','抽','劈','带','截','托','击','挂','抹','撩','拦','扫','点']
for x in m:
   print(f'看剑:{x}',end=' ')
```

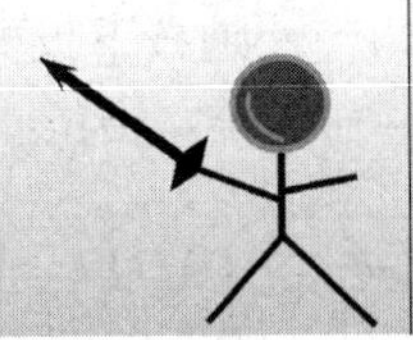

【运行】

```
看剑:刺 看剑:抽 看剑:劈 看剑:带 看剑:截 看剑:托 看剑:击 看剑:挂 看剑:抹 看剑:撩
看剑:拦 看剑:扫 看剑:点
```

派森恩越战越轻松，甚至开始闪过一丝念想："等大战之后，和平之时，

我带大家在这里野营。到时再做一个‘野营字典’。”

```
#P-25-5  野营字典——循环遍历字典
d={'衣':'运动服,户外登山鞋',
   '食':'早餐牛奶加鸡蛋,午餐肉类,晚餐蔬菜',
   '住':'营地帐篷',
   '行':'山地自行车'  }
for i in d:
    print(i,'-',d[i])
```

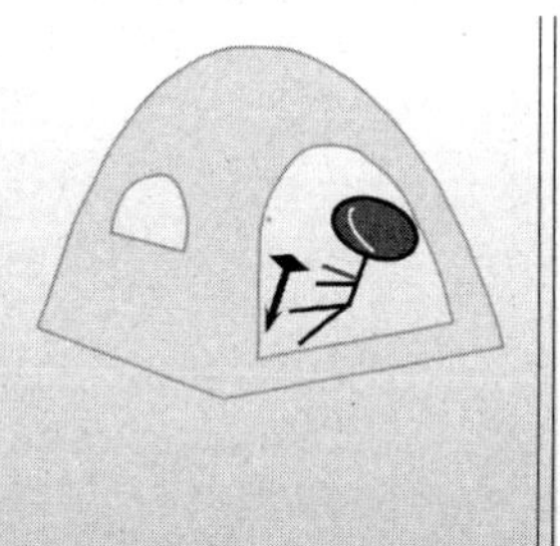

他的眼前仿佛出现各种帐篷、美食、游戏……对，一定弄个滑草板——

【运行】

```
衣 - 运动服,户外登山鞋
食 - 早餐牛奶加鸡蛋,午餐肉类,晚餐蔬菜
住 - 营地帐篷
行 - 山地自行车
```

派森恩突然一激灵，使劲摇摇头，让自己清醒一下，不能妄想胜利的美好，要用努力争取未来。

（三）雄鹰阵型，回文对称

当第六波阻击战斗正紧张进行的时候，天空中又传来鹰王尖利的鸣叫声。

鹰也跟着远征的大雁学会了“人”字阵型，鹰王在正中，其他鹰对称在两侧，雄赳赳地俯冲下来。

```
#P-25-6 雄鹰战队——循环排列阵型
print('雄鹰战队阵型：')
print(' '*(101),1)   #前面空101格,显示鹰王1
for i in range(2,17,1): #鹰队员的位置控制
    print(' '*(100-i),i,' '*(i*2-1),i)
```

【运行】

```
雄鹰战队阵型:
                 1
                2 2
               3   3
              4     4
             5       5
            6         6
           7           7
          8             8
         9               9
        10               10
       11                 11
      12                   12
     13                     13
    14                       14
   15                         15
  16                           16
```

雄鹰战队的阵型，就像是用循环变量控制的一样准确：先在左面有规律地空格，显示左翼队员；再有规律地空格后，继续显示右翼队员。

派森恩看着尖锐的雄鹰阵型，不免也暗暗叫绝，悄悄地对弟子说："这种对称阵型，类似于数学中的'回文数'。"

"派大侠，什么是回文数？"小谷紧盯上方，却忍不住询问。

派森恩形象地打了一个比方："回文数就像是'人人为我，我为人人'这样左右对称的。"

"如果数的长度是偶数，中间的数就不考虑吧？"小迪疑惑起来，"比如 43211234，也是回文数吗？"

"是的，记得锋大侠说过**判断回文数的算法核心，就是循环查找对称的数是否相等**。"派森恩说着不忘加强警戒。

```
#P-25-7 回文数——循环判断对称
c=input('输入一个数:')
l=len(c)                    # 数的长度
m=l//2                      # 数的中间位置
hw=True                     # 回文数标志，预设是回文数

for i in range(m):          # 从 0 位置到中间位置找数位
    if c[i]!=c[l-1-i]:      # 如果当前数位不等于对称数位，即非回文数
```

```
        print('不是回文数') # 不是回文数
        hw=False            # 标记不是回文数
        break               # 终止查找
    if hw:                  # 如果是回文数
        print(c,'是回文数')
```

“哎呀！我对数总是迷迷糊糊的，字符串是从0位开始，太难找中间位置了吧？”小谷边试边叹气。

【运行】

```
输入一个数:1234567
不是回文数

输入一个数:543212345
543212345 是回文数
```

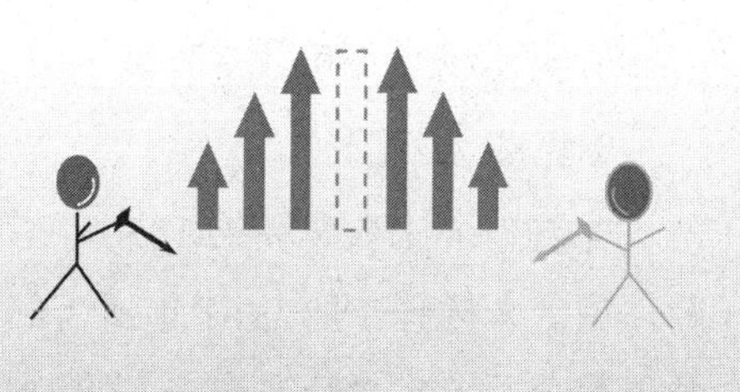

“派大侠，我看这个break很关键，遇到不对称就跳出循环，不再判断。”小迪已经发现了机要之处。

“聪明！”派森恩赞道。

突然，他们不再探讨，因为战场上出现了惊人的一幕：藏在草丛里的敌人突然散开，四处逃跑。

雄鹰战队无死角的“回文”人字阵，吓跑了隐藏在草丛中的好多敌人。

“耶！”“嗷！”两个弟子高兴地对着鹰阵大声欢呼。

“少安毋躁！黑衣人还憋着大招。”派森恩对他俩摆摆手。

“啊？”“是！”

派森恩的提醒让弟子们刚刚热起来的心立马又凉了。

在这大夏天里，大家身上却冷得抖了两抖。

武功秘籍

话说，派森恩被群鹰的“回文”人字阵震撼了。于是，对数字阵型很感兴趣，拿历史上著名的杨辉三角和日常乘法口诀先练练手，在武功秘籍里记下了规律。

构造有趣的数字阵型数据实验

【实验背景】

巧妙地利用循环语句，可以构造显示杨辉三角、乘法口诀等有趣的数字阵型图。

1. 显示杨辉三角数字阵型

【实验原理】

来源：北宋人贾宪约 1050 年首先使用“贾宪三角”进行高次开方运算。南宋人杨辉在他 1261 年所著的《详解九章算法》一书中，辑录了三角形数表，称之为“开方作法本源”图，并说明此表引自贾宪的《释锁算术》。故此，杨辉三角又被称为“贾宪三角”。杨辉三角是中国古代数学的杰出研究成果之一，它把二项式系数图形化，把组合数内在的一些代数性质直观地从图形中体现出来。

原理：从 1 开始，每行第 1 个和最后 1 个数是 1，从第 2 行开始其他每个数字等于上一行的左右两个数字之和。可用此性质写出整个杨辉三角。

【实验程序】

```
#P-25-8  杨辉三角形
def yang(m):                # 自定义函数，产生m层数字
```

```
    now = []              # 存储新一层的数字
    for x in range(m): # 层数
        now.append(1)   # 新一层最后总是多一个 1
        for i in range(len(now) - 2,0,-1):
                          # 从右第 2 个数往左，重新修改数字
            now[i] = now[i]+now[i - 1]
                          # 新的值 = 当前值 + 左边的值
        print(" "*5*(m-x),end="")
                          # 前空格：（总层数 - 当前层数）*5 个空
        for i in range(len(now)):
                          # 遍历当前行所有数字
            print(now[i],end="        ")
                          # 输出数字，间隔固定的空格
        print()
# 主程序
yang(8) # 调用自定义函数，显示 8 层杨辉三角
print()
```

【实验样本】

```
              1
            1   1
          1   2   1
        1   3   3   1
      1   4   6   4   1
    1   5  10  10   5   1
  1   6  15  20  15   6   1
1   7  21  35  35  21   7   1
```

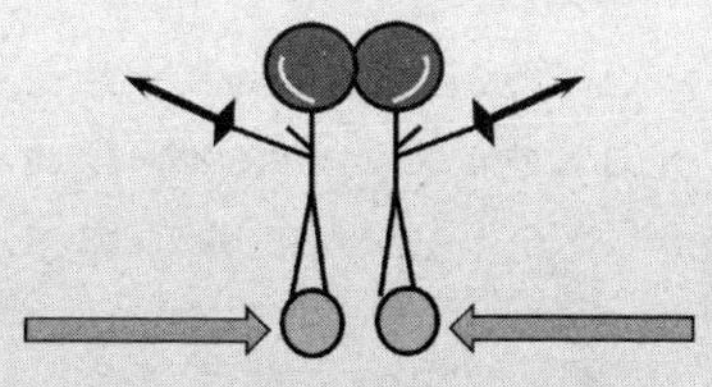

【实验思考】

（1）每行的数据是怎样产生的？

（2）每个数字的显示位置是如何控制的？

2. 显示乘法口诀表

【实验原理】

（1）显示程序由两层循环构成。外层是行数 i 从 1 变化到 9；内层是列数 j 从 1 变化到 i。

（2）用 end=" " 同行显示后面的信息，多个算式间用空格隔开。

【实验程序】

```
#P-25-9  乘法口诀表
for i in range(1,10):          # 行
    for j in range(1,i+1):     # 列
        print (f'{j}×{i}={i*j}',end="  "*(3-len(str(i*j))))
                               # 式子与乘积
    print()                    # 换行
```

【实验样本】

```
1×1=1
1×2=2 2×2=4
1×3=3 2×3=6  3×3=9
1×4=4 2×4=8  3×4=12 4×4=16
1×5=5 2×5=10 3×5=15 4×5=20 5×5=25
1×6=6 2×6=12 3×6=18 4×6=24 5×6=30 6×6=36
1×7=7 2×7=14 3×7=21 4×7=28 5×7=35 6×7=42 7×7=49
1×8=8 2×8=16 3×8=24 4×8=32 5×8=40 6×8=48 7×8=56 8×8=64
1×9=9 2×9=18 3×9=27 4×9=36 5×9=45 6×9=54 7×9=63 8×9=72 9×9=81
```

【实验思考】

（1）在数字阵型中，控制行数的是什么？

（2）在数字阵型中，控制每行的式子数量的是什么？

（3）" "(3-len(str(i*j))) 的意义是什么？将 3 换成 5，运行结果有何不同？

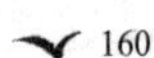

第二十六回 超级弩车机关尽，枪林弹雨强中断——中断：死循环与循环中断响应

第六波战斗结束的时候，草地上的敌兵一哄而散。

没过多久，黑衣人再次出场，准确地说是他的“超级弩车”出场。

没错，先出来的是一辆“超级弩车”，他躲在弩车后面操控。

于是，第七波战斗正式打响。

黑衣人将超级弩车先对准天空中的鹰群，一阵狂扫猛射。

鹰群看到他出场时已经飞到森林上空，弩箭大都让树挡下来了，也偶有几支穿过树梢可也没了力量，便黯然落下。

弟子两人眼睛睁得又大又圆，他们被这超级弩车惊呆了。

（一）超级弩车死循环

派森恩高声喊道：“我已知道你这弩车的箭为何源源不断，你用了死循环吗？”

```
while True:
    循环体
```

黑衣人不理他，自顾自地扣动超级弩车的扳机，“突突突”又向东面的猴子们猛烈射箭。

“派大侠，这箭一直射个不停，咋没有‘歇爿’（xiē pán，土语：间歇的意思）。”小谷一边拦截一边问。

“因为它内部**采用‘条件循环’控制，并且还是死循环**。”派森恩冷峻地回答。

“我的妈呀——死循环？”小谷有些害怕。

“派大侠，这死循环里面也有一个扣动扳机，所以一波一波地射，每波数量好像还不一样？”小迪疑惑地问。

“每波都不低于 10 支，不超过 20 支，射箭数量是随机的。”派森恩肯定地说道，脑海里闪现出这种控制程序。

```
#P-26-1  超级弩车发射——死循环
import random
s=0
i=1
while True:
    input('\n 按回车键启动发射')
    x= random.randint(10,20)   # 随机产生 10~20 的整数
    for m in range(x):
        print(f'第{i}波发射的第{m+1}支箭')
    s=s+x                          # 共多少箭的累加
    print(f'累计发射{i}波，共发射{s}支箭')
    i=i+1                          # 共多少波发射的计数
```

“不好！黑衣人正调转弩车向我们瞄准。”小迪眼尖，发现不妙。

“哎呀！这弩车发射数量没有规律，效果很强劲。”小谷看到天空中都是箭。

【运行】

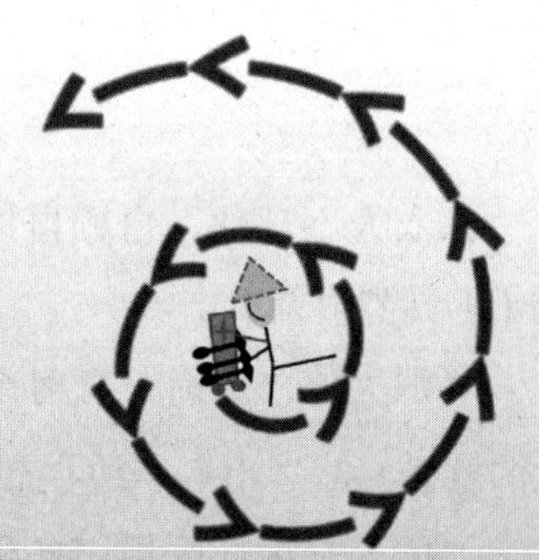

```
按回车键启动发射
第 1 波发射的第 1 支箭
第 1 波发射的第 2 支箭
第 1 波发射的第 3 支箭
第 1 波发射的第 4 支箭
第 1 波发射的第 5 支箭
第 1 波发射的第 6 支箭
第 1 波发射的第 7 支箭
第 1 波发射的第 8 支箭
第 1 波发射的第 9 支箭
第 1 波发射的第 10 支箭
第 1 波发射的第 11 支箭
第 1 波发射的第 12 支箭
第 1 波发射的第 13 支箭
第 1 波发射的第 14 支箭
累计发射 1 波，共发射 14 支箭
```

黑衣人再次出场，准确地说是他的“超级弩车”出场。

“卧倒！”派森恩发出命令。

“准备箭盘弩！”派森恩与卧倒在木桩上的弟子们准备阻击。

小迪从背上解下一把宽宽的三层弩机。

小谷马上抖开三个长长的箭盘，把大量的箭接上派森恩的新弩机，每层弩安装一个箭盘。

“发射！”派森恩扣动扳机。

“嗖嗖嗖——嗖嗖嗖——嗖嗖嗖——”箭盘弩连续发射箭，三箭一组，携带着一个个伞状的网兜往前疾驰。

箭矢如电，源源不断，直冲向前，漫天都是网兜在飞。

一个个网兜罩住黑衣人的一波波飞箭。

（二）默认输入强中断

可是，黑衣人的弩车的箭并没有停下来的迹象，还是源源不断地发射，当真是一个厉害的死循环。

“看我的！”派森恩按动弩侧的弹簧卷按钮，弹簧迅速膨胀带动齿轮，把一个标着“break”的线轮极速转动。嗖——嗖——嗖——三支箭极速射出，携带线轮飞向黑衣人的超级弩车。

线轮恰好飞进超级弩车的扳机，飞速的线轮立马放线、缠绕。

线上还有一行显眼的红字：“快快投降”。

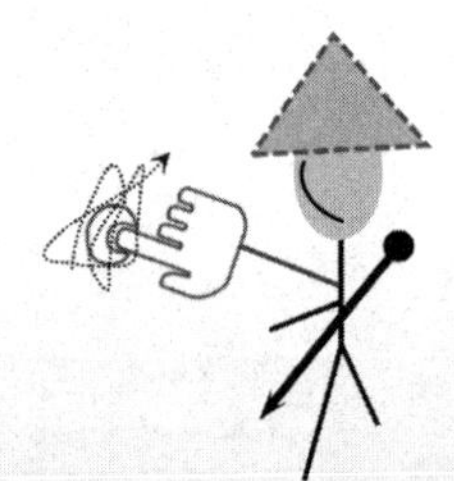

```
#P-26-2  超级弩车发射——中断
import random
s=0
i=1
while True:
    xl=input('按回车键启动发射') or '快快投降'
                                   #默认输入数据
    if  xl=='快快投降':
        print(xl)
        break                      #中断本层循环

    x= random.randint(10,20)    #产生10~20的随机整数
    for m in range(x):
        print(f'第{i}波发射的第{m+1}支箭')
    s=s+x                          #共多少箭的累加
    print(f'累计发射{i}波，共发射{s}支箭' )
    i=i+1                          #共多少波发射的计数
```

【运行】

按回车键启动发射
快快投降

黑衣人怒气冲冲地一边扯线，一边用力扣动扳机。可这一猛扣扳机让超级弩车立马崩溃，再也不能发射。

这时，草丛中突然涌现出派武馆的大队弟子，杀声震天。韩青锋率领大队援军涌向森林方向。

黑衣人见大势已去，仰天长啸一声，却并没有退缩，而是大义凛然地站在弩车之前，做好最后一搏的姿势。

“哇！派大侠厉害，用线轮 xl 缠住扳机 input 接收默认数据，一招制胜。”小迪欢呼起来。

“派大侠，你咋还在线上印了字，打广告还是心理战？”小谷也开心地问。

“这些字就是默认数据，**input( ) 后面再加 or 数据，能提供输入的默认值**。只按回车键时，就默认输入数据。”派森恩喜笑颜开。

“哈哈！黑衣人怒气冲冲地用力一扣扳机，等着他的就是 break 中断发射吧？”小谷对派森恩好生佩服。

“哈哈！这就是知识的力量！”派森恩看着窘迫的黑衣人哈哈大笑。

只听黑衣人长叹一声：“唉，竟然败在了这个小弱点上！”

武功秘籍

话说，派森恩像变魔术一般用输入默认值中断循环，真是一招制胜，胜得巧妙，难度还不大。这让大家对中断这件事产生了极大的兴趣，纷纷拿循环中断来实验，成为武功秘籍中的传奇一笔。

循环中断程序的数据实验

【实验原理】

中断是为了让程序的执行结束，常见的有循环过程中断、程序运行中断、热键强制中断等。

1. 循环过程中可以使用 break 中断本层循环。

2. 程序运行中可以使用 exit( ) 或 quit( ) 中断全部程序运行。

3. 热键强制中断可使用 keyboard.wait('esc')、Ctrl+ 组合键等来完成。

4. ASCII (American Standard Code for Information Interchange)：美国信息交换标准代码是基于拉丁字母的一套计算机编码系统，主要用于显示现代英语和其他西欧语言。

实验中，要用到的 ord( ) 函数是求字符的 ASCII 值，chr( ) 是根据 ASCII 值求字符。

5. 数据清洗

使用 list2=[x for x in list1 if < 条件 >] 的方式，可以在列表 list1 中清洗掉不符合条件的数据。

6. 复原字符串内容

使用 eval(s) 可以把字符串 s 中的内容用于表达式或命令中，优化操作。

【实验程序】

```
#P-26-3 ASCII表"A"到"z"字母判断——循环中断
m=[chr(i) for i in range(ord('A'),ord('z')+1)]  # 从 'A' 到 'z' 的ASCII值i转换成字符
print('ASCII表中A-z的符号：',m,'\n')

#判断是否字母的表达式写成字符串，字符串嵌套需要不同的引号
zmpd="((i>='A' and i<='Z') or (i>='a' and i<='z'))"
zm=[i for i in m if eval(zmpd)]  #只要字母字符
print('全部字母表：',zm)

for i in m:
   if not eval(zmpd):
      print(f'\n遇见非字母：{i}' )
      break  #如果遇见非字母，中断本层循环
   else:
      print(i,end=' ')
```

【实验样本】

```
ASCII表中A-z的符号： ['A', 'B', 'C', 'D', 'E', 'F', 'G', 'H', 'I', 'J', 'K', 'L', 'M', 'N', 'O', 'P', 'Q', 'R', 'S', 'T', 'U', 'V', 'W', 'X', 'Y', 'Z', '[', '\\', ']', '^', '_', '`', 'a', 'b', 'c', 'd', 'e', 'f', 'g', 'h', 'i', 'j', 'k', 'l', 'm', 'n', 'o', 'p', 'q', 'r', 's', 't', 'u', 'v', 'w', 'x', 'y', 'z']
全部字母表： ['A', 'B', 'C', 'D', 'E', 'F', 'G', 'H', 'I', 'J', 'K', 'L', 'M', 'N', 'O', 'P', 'Q', 'R', 'S', 'T', 'U', 'V', 'W', 'X', 'Y', 'Z', 'a', 'b', 'c', 'd', 'e', 'f', 'g', 'h', 'i', 'j', 'k', 'l', 'm', 'n', 'o', 'p', 'q', 'r', 's', 't', 'u', 'v', 'w', 'x', 'y', 'z']

A B C D E F G H I J K L M N O P Q R S T U V W X Y Z
遇见非字母：[
```

【实验思考】

1. eval( ) 函数有什么用途？
2. m=[chr(i) for i in range(ord(‘A’),ord(‘z’)+1)] 意义是什么？
3. m=[i for i in m if eval(zm)] 意义是什么？
4. 如果把 break 分别换成 exit( ) 或 quit( )，会产生什么结果？

月夜飞花寻亡羊，查找算法强中强

惊险的第七波大战终于落下帷幕。

派森恩用埋伏下的“默认值”break 掉黑衣人的超级弩车，赢得了大家的喝彩。

“要感谢木大侠的剑道，因为这在剑术上也许是一个简单操作，抓住关键才能四两拨千斤，真可谓是大道无痕、大象无形——哈，我也学会剑术、剑法、剑道合一了！”派森恩又开始自夸起来。

“我还是太低估你们这帮年轻人了！”黑衣人感慨地说。

“你这武林高手年龄也不怎么大吧？”派森恩师徒三人已经接近黑衣人。

“彼此，彼此！你们身手的确不凡，速度、力量都是上乘，哈哈——”黑衣人哈哈大笑。

韩青锋看一眼派森恩，手欲拔剑。

派森恩跟韩青锋对视一眼，轻轻摇一摇头。

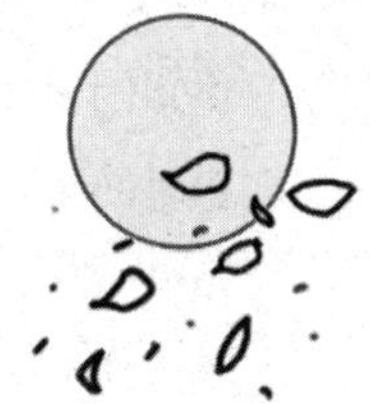

第二十七回 剑入匣中飞花令，春风竟度城外城——枚举算法：按条件查找

派森恩向前一抱拳：“请问阁下是否听说过：洛阳城东桃李花，飞来飞去落谁家？”

黑衣人收起笑容，回以抱拳，郑重地说：“不是花中偏爱菊，此花开尽更无花。”

派森恩又吟一句：“落红不是无情物，化作春泥更护花。”

黑衣人又一抱拳：“主人不在花长在，更胜青松守岁寒。”

“哎——你们还有完没完？要打便打，不打就算，花啊花的真酸腐。”韩青锋忍不住打断他们。

“我们在用飞花令辩论。”派森恩对大家摆摆手继续说，“这里面有一个大误会，说来话长，我长话短说。”

原来，派森恩上次带弟子寻到的箭都是圆头的，根本就没有杀伤力。于是，他又根据箭落的地方找来寻去，发现都是从森林里的一处长满野菊花的地点发射的。那片野菊花被人用篱笆围着，还架着好几个稻草人。听杨二舅说这是有名的金丝贡菊，看来有人非常珍爱这些野菊花。

所以，派森恩设计的箭头采用吸盘样式，射在脸上就沾住乱颤，吓唬中箭人。

“这么说，黑衣人没有想伤害我们，所以才用圆箭头？”小谷问。

“不！我没这么好心。”黑衣人轻蔑地说，“我是用圆箭头驱赶鹰。”

“那受伤雏鹰翅膀上的竹箭作何解释？”小迪问。

“那是第一次驱赶它们时误伤的。也怪它们，想在我的菊花园里做窝。”黑衣人有点儿内疚地说，“不过，也要感谢你们去救它，我听说后很感动。”

“嗯，鹰不是爱吃肉吗？怎么喜欢野菊花？”韩青锋想不通。

“那天杨二舅也采回了一些菊花花苞，说能清热解毒。”派森恩猜测。

“那以后我们派人把菊花送到悬崖上去，希望它们别再毁坏菊花园。”黑衣人还是耿耿于怀。

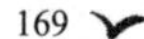

派森恩向前一抱拳："请问阁下是否听说过：洛阳城东桃李花，飞来飞去落谁家？"

黑衣人收起笑容，回以抱拳，郑重地说："不是花中偏爱菊，此花开尽更无花。"

“那好，我们经常去送野菊花，它们就不来了。”派森恩高兴地说。

“就这事？一通大战，害得我们好紧张！”小迪有些垂头丧气。

“在大战中，你们也跟着派大侠学会了很多好剑术、好剑法。”韩青锋倒是非常理解派森恩。

“对啊，还有化敌为友的好剑道！我今天有幸跟黑衣大侠玩飞花令，也很高兴。”派森恩没忘记这飞花令，特向黑衣人抱拳致敬。

“飞花令？哈哈，接个诗而已，不必拘泥古法。你能接上含有令词的诗就很好啦。”黑衣人高声说，“我这里有一个‘春之飞花令’，赠送这位少侠，算是赔罪。”

“多谢！多谢！”派森恩高兴地接过一张牛皮纸，上面写满了飞花令的程序。

“留下猴子战队驻扎防守，我们回武馆学习飞花令去。”派森恩一招手，大家整队回武馆。

“后会有期！”黑衣人一抱拳。

“后会有期！”派森恩急切地想学习飞花令，不再啰唆，紧随韩青锋出草地，过木桥，开开心心回武馆去。

（一）读取文件，数据列表

回到武馆，派森恩特别开心地跟大家玩起飞花令来。

大家觉得这是学诗学编程的好“花招”，都乐此不疲地文武兼修起来。

派森恩带着弟子们开始研究飞花令的程序。

首先，把文本文件里的一行行内容都放在列表中，方便查找。

```
#P-27-1  飞花令——读取数据
import sys    # 导入系统模块用来测试错误
def ds(fs):   # 读取数据模块
    d=[]      # 存储诗歌的列表数据结构
    try:      # 尝试运行

        f=open(fs,'r',encoding='gbk')
```

```
              # 读 gbk 编码格式文件
        d = f.readlines()                 # 读取所有行
        f.close()                         # 关闭文件
    except:                               # 尝试运行失败
        f=open(fs,'r',encoding='utf-8')  # 读 utf-8 编码格式文件
        d = f.readlines()                 # 读取所有行
        print('utf-8 格式读取成功 ')
    d1=[i for i in d  if  i!='\n']   # 数据清洗，删除空行
    return d1
print(ds('春诗歌 .txt')[0:10])
```

韩青锋对飞花令也很好奇，与大家一起研究起来："f=open(fs,'r', encoding='gbk') 是打开 gbk 编码的文本文件。可有的文本文件是 utf-8 编码的，所以要用 try 来试错，按两种可能来处理。**d = f.readlines( ) 是读取文件中所有行，形成列表。**"

"列表里面有循环也好神奇。"小谷说。

"i for 表示列表的各元素要用 for 循环产生，for i in d 表示 i 是从 d 这个列表的所有元素取出来的。"韩青锋解释道。

"看这个 if i!='\n'，里面怎么还有判断？"小迪问。

"这是一种数据清洗方法，if x!='\n' 是判断 x 不是回车符号 '\n'（空行）就留下。"韩青锋耐心地解释。

"清除空行后，不容易出错吧？"小迪听得认真。

"好！大家听我说。"派森恩着急地说，"先让我们来测试程序，看看显示列表的前二十句诗有没有错吧！"

一部分诗句于是按列表的方式显示出来。

【运行】

```
['忽如一夜春风来，千树万树梨花开。\n', '——岑参《白雪歌送武判官归京》\n', '春风又绿江南岸，明月何时照我还？ \n', '——王安石《泊船瓜洲》\n', '不知细叶谁裁出，二月春风似剪刀。\n', '——贺知章《咏柳》\n', '迟日江山丽，春风花草香。\n', '——杜甫《绝句》\n', '春风十里扬州路，卷上珠帘总不如。\n', '——杜牧《赠别》\n']
```

派森恩摇头晃脑地读起诗来。

又是特立独行的小吉，他默默地换成一行代码：d1=[i.strip() for i in d if i.strip( )!=''] ，运行时列表中的“\n”竟然也一并消失了。

（二）行令模块，交互设计

“派大侠，你先别读诗嘛，继续研究程序吧！”小迪爱学新知识、新技术。

“好的，咋比我还急。接下来让我讲这段交互设计，这些‘对打剑术’我拿手。”派森恩详细地给大家讲起来。

“先**用输出语句做个‘提示信息’**解释一下飞花令，这样多有面儿。”派森恩刚想大讲飞花令的由来与发展，觉得大家可能没耐心听，赶紧接着卖弄剑术。

“咱先来看看如何行令。”派森恩一想还是得循序渐进。

```
#P-27-2  飞花令——交互设计
def  xl():    #行令模块
    print('\n【飞花令】唐代诗人韩翃的名诗《寒食》
中有"春城无处不飞花"一句，故名"飞花令"。\
古时接令讲格律，今人只讲含有令词。')

    c="请输入令词：春花、春光、春风、春水、春雨、
春之一,0结束:"  #限定词语
    print('\n【请你来行令】')             #提示信息
    x='#'                                  #令词初始化
    while  not  (x in c):                  #保证令词有效
           x=input(c) or '花'             #输入令词，行令
           if x =='0':break               #中断循环,'0'为结束游戏选择
           print('你的令词是：',x)
    return x                               #返回x的值作为xl()函数值

xl()                                       #行令测试
```

“**输入令词来行令**，想行春风就行春风，想行春雨就行春雨，春天做令词行吗？”小谷不禁跃跃欲试起来。

【运行】

【飞花令】唐代诗人韩翃的名诗《寒食》中有"春城无处不飞花"一句，故名"飞花令"。古时接令讲格律，今人只讲含有令词。

【请你来行令】

请输入令词：春花、春光、春风、春水、春雨、春之一，0 结束：春天

你的令词是：春天

“如果把春天的诗放进 txt 文本文件里去，就可以了。”派森恩点出问题的关键。

“哦，还是派大侠有学问。”小谷无比佩服。

“我发现 break 真是好用。输入令词行令时，怎么还有一个 or '花'？”小迪更关注细节。

“对！默认值是 '花'，这可是个小彩蛋，嘻嘻——在大破超级弩车时，为师我都用过，记得不？”

这个问题仿佛勾起了派森恩自恋式的回忆。

（三）接令模块，枚举查找

“派大侠！”小谷和小迪赶紧把他从回忆中拉回来。

他也明白两人的小心思，真真假假地客气起来：“接令中的‘数据查找’剑法这是个枚举算法，还是请锋大侠来给大家点拨点拨，好吧？”

“好！好！”弟子们很崇拜韩青锋。

韩青锋在听大家探讨，听到叫他，便过一眼程序，开始标注讲解。

```
#P-27-3  飞花令——枚举算法
def jl(lc,sg):                        # 接令模块
        print('\n【计算机接令】')      # 提示信息
        s=0                           # 计数器
        for i in range(0,len(sg),2):    # 遍历诗、作者，步长为 2
                if lc in sg[i]:            # 如果找到包含令词的诗
                    print('\n',sg[i],end="")     # 显示诗
                    print(sg[i+1])               # 显示作者
                    s+=1                         # 累计接的诗数
                    print(f'{lc} 已经接令 {s} 句。') # 显示成绩
```

```
                jx=input('继续接令吗? y/n:' ) or 'y'  #是否继续
                if jx not  in 'Yy':break

        if s==0:print('我接不上! ')              #如果没找到

#主程序
s=ds('春诗歌 .txt')  #调用读取数据模块，传入文件名，返回诗列表
while  True:
      lc=xl()          #调用行令模块
      if '0' in lc:print('\n欢迎再次来玩飞花令! '); break
                       #接令0结束循环
      jl(lc,s)         #调用接令模块，传入令词lc和诗列表s
```

韩青锋侃侃而谈：**“枚举算法的关键是在一个范围中顺序查找**，即 for i in range(0,len(sg),2)，用循环查找诗句，每次间隔 2。”

“是不是两句诗？”小谷问。

“不是，不是，可以对照诗的数据观察，一行是诗，一行是作者。”派森恩在一旁很想补充意见。

“是的，每次循环 sg[i] 是诗，要用 in 判断是否包含令词。”韩青锋继续讲。

“如果有，就显示 i 位置的诗句和 i+1 位置的作者是吗？”小谷问。

“你这是抢问，还是抢答？”派森恩开起弟子的玩笑。

小谷嘿嘿一笑，早习惯派森恩的调侃。

“s+=1 是啥？”小迪总是喜欢深思。

“这是计数器 s 增加 1，也可以写作：s=s+1，记录接上了多少诗。”韩青锋解答总是很认真。

“if jx not in 'Yy':break，”小谷又抢答说，“这我知道，派大侠讲过的容错，不是 y 或 Y 就中断。”

“孺子可教，真是我的好弟子！”派森恩很满意地点头。

“if s==0 是指最后一句诗也没接上

吧？”小谷再接再厉。

“最后接不上还强调一下，嘿，让计算机接个飞花令也能接个寂寞。”派森恩说到寂寞，打起了哈欠。

“下课！”韩青锋面露微笑，有点儿心疼刚刚参加阻击大战后的派森恩。

“这就下课？”派森恩突然又不困了，“我来讲讲主程序，自定义函数真是方便模块化设计，调用起来很简洁。s=ds('春诗歌.txt') 形成数据列表，lc=xl( ) 得到令词，jl(lc,s) 按令词 lc 后在诗列表 s 里接令—这还是木大侠说的计算思维剑道中的各个击破—‘分解’嘛！”

“派大侠，用循环是多玩几局吧？”小迪也热情高涨。

“哈哈！我还想一直玩，一直玩！”派森恩笑着说。

“派大侠，您别忘记如果令词是‘0’，要结束的哟。”小谷提醒他。

“嗯？对，对，可不能搞成死循环。”派森恩赞许道，拍拍小谷的脑袋。

【运行】

```
【飞花令】唐代诗人韩翃的名诗《寒食》中有"春城无处不飞花"一句，故名"飞花令"。古时接令讲格律，今人只讲含有令词。

【请你来行令】
请输入令词：春花、春光、春风、春水、春雨、春之一，0 结束：你的令词是：花

【计算机接令】
 忽如一夜春风来，千树万树梨花开。
——岑参《白雪歌送武判官归京》
花 已经接令 1 句
继续接令吗？ y/n:

 迟日江山丽，春风花草香。
——杜甫《绝句》
```

花 已经接令 2 句
继续接令吗？ y/n:

春风得意马蹄疾，一日看尽长安花。
——孟郊《登科后》

花 已经接令 3 句
继续接令吗？ y/n:0

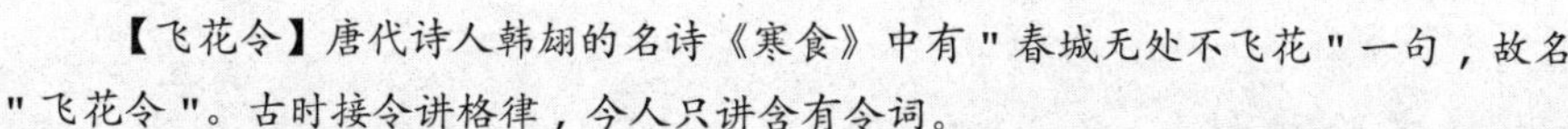

【飞花令】唐代诗人韩翃的名诗《寒食》中有"春城无处不飞花"一句，故名"飞花令"。古时接令讲格律，今人只讲含有令词。

【请你来行令】

请输入令词：春花、春光、春风、春水、春雨、春之一，0 结束 :0

欢迎再次来玩飞花令！

“派大侠！晚餐时间到，要不您老吃完再讲？”小谷也知道派森恩的心思。

派森恩心领神会地挥挥手：“走，吃饭去！飞花令也解决不了肚子饿。”

晚餐之后，大家又高兴地玩起飞花令来，让计算机程序一个劲儿地“枚举”自己想要的诗句。

小小的飞花令，让武馆里多了些文气。

派森恩骄傲地说：“我们是文武兼修。侠之大者，爱国爱家爱文化。”

“等我们文武双修功成，就可以称霸硅晶谷！”小迪给派大侠帮腔。

“不称霸是我们的宗旨，人狂可没好事。”派森恩及时带头停止骄傲。

可是，这位文武兼修的派森恩，不久又会生出新的事端来。

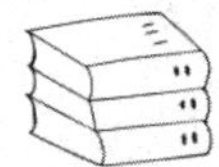

武功秘籍

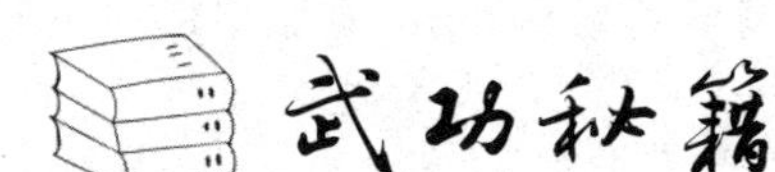

话说，自从派森恩得了“飞花令”，大家都跟着他玩得不亦乐乎。其实，飞花令主要应用的是枚举查找的算法，这种算法派森恩记得韩青锋在做一种“水仙花数”的时候用到过，一查武功秘籍果然如此。

枚举算法的数据实验

【实验背景】

枚举算法，也称穷举法，是在一个范围中按某种条件全面查找枚举对象。有些黑客工具就是用枚举算法破解用户密码的。常见的百钱买百鸡、鸡兔同笼、寻找水仙花数等都是可以用枚举算法来寻找答案的。

【实验原理】

1. 枚举实验寻找水仙花数，要特别注意通过取整除 //、取余 % 的方式获取数位的技巧。

2. 水仙花数是一个 3 位自然数，它各位数字的立方之和等于该数本身，如 $153=1^3+5^3+3^3$。请求出所有的水仙花数。

【实验程序】

```
#P-27-4  水仙花数——枚举算法
for i in range(100,1000):# 枚举对象 i，枚举范围 100-999
    a =i // 100          # 整除 100，用商取出最高位数字
    b =i // 10 % 10      # 整除 10，再除以 10 的余数取出第 2 位数字
    c =i % 10            # 除以 10 的余数取出最右边低位数字
    if i == a ** 3 + b ** 3 + c ** 3:
                         # 枚举条件：该数等于各数位上数字立方的和
        print(i,end='  ')# 显示水仙花数
```

【实验样本】

```
153  370  371  407
```

【实验思考】

1. 枚举范围为什么从 100 开始？
2. 枚举条件中的数位是如何取出来的？

第二十八回 前呼后拥猴争功，香蕉递推巧退兵——递推算法：以前数推后数

月上柳梢，大地沉寂，派武馆里还灯火通明。

红日东升，群鸟出林，校场上已经人声鼎沸。

派武馆人员沉浸在飞花令的游戏之中，既提高了整个武馆的文化修养，也提高了大家的编程水平。

（一）机器朗读飞花令

让大家高兴的是，派森恩研究出一个语音朗读新剑术——人工智能语音合成，能让计算机朗读诗句。

他赶紧进入命令窗口，用pip3安装文本到语音转换模块，运行程序，果真读出诗句来。

```
#P-28-1  语音读诗——机器朗读
import sys
try:                                              # 尝试运行
    import pyttsx3                                # 调用语音转换模块
    engine = pyttsx3.init()                       # 创建对象
    engine.setProperty('rate', 150)               # 设置一个新的语速
    engine.setProperty('volume',1.0)              # 设置一个新的音量(0
                                                    < volume < 1)
    text1="人面不知何处去，桃花依旧笑春风"
    text2="人间四月芳菲尽，山寺桃花始盛开"
    print(text1);engine.say(text1);engine.runAndWait()
    print(text2);engine.say(text2);engine.runAndWait()
except  ModuleNotFoundError:  #容错处理
    info = sys.exc_info()
    print(info[1])
    print('pip3 install pyttsx3' )
```

可是，怎么为飞花令程序接上朗读呢？派森恩请韩青锋出马，将‘语音合成’的朗读“剑术”与飞花令诗句‘枚举’的“剑法”完美结合。

只见韩青锋先把调用模块、语速和音量代码放到飞花令程序中，然后在显示诗和作者的语句后面加上两句朗读程序。

```
engine.say(sg[i])
engine.runAndWait()
```

用韩青锋修改的程序去接飞花令，果真计算机读得朗朗上口，更加精彩。

派森恩说：“我先用 voices = engine.getProperty('voices')，再用 voices[0].name 看看谁在读诗。还可以用 engine.setProperty ('voice',voices[3].id) 等换一个不同的声音读诗呢。”

韩青锋说：“用 text 记录接过的诗句，用 engine.save_to_file(text,lc+".mp3") 就可以把朗读存成音频文件，随时听诗学习。”

大家都着急起来，纷纷索要这两位大侠改好的“飞花令——机器朗读.py”，积极认真地学习程序，快乐地学习古诗。

（二）递推算法退群猴

正当大家沉浸在又一轮飞花令的浓郁文艺氛围中时，武馆门口突然大吵大闹起来。

有弟子来报，那群猴子又来闹事了。

派森恩一拍额头，想了起来，他让猴子战队在河边草地驻防，忘记给他们送吃的，也忘记让它们撤防了。它们肯定是耐不住寂寞，才跑来闹事。

派森恩让弟子们去把猴子引到校场，转头跟姬思木、韩青锋说：“你们安心休息，让我去处理吧！”

他们知道派森恩是这事的主角，也就不抢他的风头，各自回屋歇着去了。

等派森恩带人抬着几筐香蕉赶到校场的时候，猴子们已经整齐地排着队摇头晃脑地等他了。

派森恩呵呵笑着：“欢迎亲爱的猴战队的战友们！派武馆胜利的果实当然有你们的功劳。”

“吱——吱——”一只猴王指挥着几只猴子抬着一捆捆的箭，放在前面。

“吱——吱——”猴王指指箭，又指指口，做出扒香蕉皮、吃香蕉的动作来。

“呵呵，这是来邀功请赏的嘛！必须奖励。”派森恩最喜欢的就是后勤工作，是该对猴子们大加奖赏，只是他贪玩飞花令才忘记的。

不过，派森恩可不是一般的爱玩，突然又想起一个鬼点子：“各位猴战友们，我听说出力越多的在奖励时越落在后面，所以除去对猴王单独奖励之外，我决定来一次跟上次分香蕉不一样的奖励方式。”

他先让人给猴王分了一大串香蕉，猴王喜滋滋地安静下来。

别的猴子也没听懂他说的啥，仍然摇头晃脑地伸手等着分香蕉。

派森恩让小谷和小迪过来，低声交代：“你们去这么分——”

小谷、小迪嘿嘿一笑，跟大家抬着香蕉筐去分。

他们用“递推算法”分：先给第一只猴 1 根，第二只猴 1 根，第三只猴可分到 2 根，第四只猴能分到 3 根，第五只猴竟然分到 5 根……给一队 11 只猴这样分下去，最后那只猴子可能分到几根呢？

```
#P-28-2.1  递推分香蕉——递推算法
hs=11  #猴子只数
hxj=[0 for x in range(hs)]  #初始化列表，存储猴子分的香蕉数
print('第一轮分的香蕉理论数量：')
for i in range(hs):        #hs只猴子位置编号
        if i<=1:           #如果是0、1位置
            hxj[i]=1       #前2个数为1
        else:              #第3个及以后的数据
            hxj[i]=hxj[i-1]+hxj[i-2]#递推相加：数值为前2个数和
        print(hxj[i],end=' ')
          #显示当前猴子分的香蕉数
```

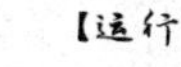

【运行】

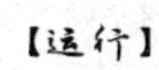

```
第一轮分的香蕉理论数量：
1 1 2 3 5 8 13 21 34 55 89
```

小谷一边分一边咕哝道："猴香蕉 n= 猴香蕉 n-1+ 猴香蕉 n-2。"

最后一只猴子使劲抱着一大堆香蕉，可是大半的香蕉已经掉在地上，也乐得龇牙咧嘴。

第一只猴子、第二只猴子回头望望，感觉到不对。突然，一块都跑到队尾去，然后伸着手又吱吱地叫着要香蕉。

第三只、第四只猴子也回头望望，毫不犹豫地飞奔到队尾，然后伸着手也吱吱地叫着要香蕉。

小谷、小迪并不在意，看一眼笑呵呵的派森恩，继续给第一只猴子又分香蕉。

其他猴子也羡慕，也都分分钟跑到后面去继续排队。

第二轮分香蕉开始，第一只猴子理论是上 1+89+55 根香蕉；第二只、第三只猴子……最后一只猴子，理论上它们应该分到香蕉总计多少根呢？

```
#P-28-2.2 第二轮递推分香蕉——递推算法
print('\n 第二轮分后总计香蕉理论数量: ')
for i in range(hs):
    if i==0:#第 1 只猴子排在最后面，总香蕉数为自己的再加原队最后两只猴香蕉数
        hxj[i]=hxj[i]+hxj[hs-1]+hxj[hs-2]    # 递推相加
    elif i==1:                               # 第 2 只猴子又排在最后面
        hxj[i]=hxj[i]+hxj[i-1]+hxj[hs-1]     # 递推相加
    else:
        hxj[i]=hxj[i]+hxj[i-1]+hxj[i-2]    # 第 3 只猴开始原数再加
                                             前两数的递推相加
    print(hxj[i],end=' ')
                  # 显示理论上的分香蕉数
```

【运行】

```
第二轮分后总计香蕉理论数量:
145 235 382 620 1007 1635 2655 4311 7000 11366 18455
```

实际上，并没有分这么多香蕉，因为猴子们抱不了多少，多的香蕉只能丢地上，只是看到还在分就忍不住又到后面去排队。

不一会儿，猴队伍就全排在了大门外。

这时候，派森恩笑嘻嘻喊一声："关门喽！"

小谷、小迪赶紧把大门关上。

猴子们这时各自都抱着二三十根香蕉，也不在意理论上应该分到多少香蕉，看看怀里的香蕉都忍不住流口水，心满意足地一哄而散，跟着猴王跑回森林大快朵颐去。

派森恩指挥大家把一地的香蕉收拾起来，与众弟子们继续吃着香蕉玩飞花令。

可是，快乐的武馆里没人意识到又一个神秘人正在赶来。

武功秘籍

话说，派森恩跟小迪、小谷合谋用递推算法智退猴群后，小谷对递推算法、迭代算法产生了浓厚的兴趣，主动研究解决数学上著名的"兔子数列"。派森恩把小谷的这个经典实验也记录在武功秘籍中。

迭代算法的数据观察实验

【实验背景】

递推，即在原来数据的基础上进行推算，实际也是迭代算法的一种。两者不太一样的是，递推往往由数组、列表等配合完成。迭代算法更宽泛，有的可以直接使用变量进行迭代。

【实验原理】

迭代、递推指后面的值是由前面的值推导出来的。猴子分香蕉的递推算法就来源于著名的斐波那契数列。

斐波那契数列，又称为“兔子数列”，因以兔子繁殖为例而得名。某饲养场引进一对刚出生的新品种兔子，这种兔子第 2 个月长为成年兔，从第 3 个月起一对成年兔每个月都新生一对幼兔。每对兔子都经历这样的出生、成长、繁殖过程。假设所有兔子都不死，到第 12 个月时，该饲养场共有兔子多少对？共有幼兔、成年兔各多少对？

【实验程序】

```
#P-28-3  斐波那契数列——迭代算法
# 幼兔和成年兔当月的对数分别用 a、b 表示
a=1          # 幼兔第 1 月对数
b=0          # 成年兔第 1 月对数
print(f"第 1 个月兔子共有 {a} 对", 其中: 幼兔 {a} 对, 成年兔 {b}
对。)        # 显示当月兔子对数

n=12         # 需要计算的总月数
# 从第 2 月到第 n 月进行迭代计算
for i in range(2,n+1):
    b=a+b  # 当月成年兔等于上月幼兔与成年兔之和
    a=b-a  # 当月幼兔等于上月成年兔（本月成年兔减去上月幼兔）
    print(f"第 {i} 个月兔子共有 {a+b} 对", 其中: 幼兔 {a} 对, 成年
兔 {b} 对。)     # 显示当前饲养场兔子对数
```

【实验样本】

第 1 个月兔子共有 1 对，其中：幼兔 1 对，成年兔 0 对。

第 2 个月兔子共有 1 对，其中：幼兔 0 对，成年兔 1 对。

第 3 个月兔子共有 2 对，其中：幼兔 1 对，成年兔 1 对。
第 4 个月兔子共有 3 对，其中：幼兔 1 对，成年兔 2 对。
第 5 个月兔子共有 5 对，其中：幼兔 2 对，成年兔 3 对。
第 6 个月兔子共有 8 对，其中：幼兔 3 对，成年兔 5 对。
第 7 个月兔子共有 13 对，其中：幼兔 5 对，成年兔 8 对。
第 8 个月兔子共有 21 对，其中：幼兔 8 对，成年兔 13 对。
第 9 个月兔子共有 34 对，其中：幼兔 13 对，成年兔 21 对。
第 10 个月兔子共有 55 对，其中：幼兔 21 对，成年兔 34 对。
第 11 个月兔子共有 89 对，其中：幼兔 34 对，成年兔 55 对。
第 12 个月兔子共有 144 对，其中：幼兔 55 对，成年兔 89 对。

【实验思考】

1. 在斐波那契数列算法中，迭代模型是怎样构成的？
2. 探索如何利用二维列表递推每月的幼兔和成年兔子的对数。

第二十九回 蜀人月夜送套娃，递归中忆变脸情——递归算法：自己调用自己

派森恩带着弟子们用递推分香蕉的方式把猴子们“推”出大门之后，派武馆的弟子们又忘乎所以地玩起飞花令。

然而，他们丝毫没有感觉到即将到来的危险。

在他们沉浸在诗歌吟诵中的时候，只有韩青锋一直在努力练习剑法。派森恩看到后，感觉自己不能再沉迷下去。于是，派森恩去姬思木那里转转，请教最近的剑道心得，然后到校场练他的剑术去了。

（一）套娃里的感叹号

月亮刚刚从东方升起，衬着远山、森林，尽显静谧。

偶尔有飞鸟在月光下穿过，又飞到河对岸的草地上去。萤火虫打着灯笼去追，瞬间也消失在茫茫夜色之中。

谁也没有觉察到，有一个身着青衣的人向派武馆飞奔而来。

他头戴着一顶斗笠，脸蒙轻纱，腰挂长剑，穿山越岭远道而来；他手捧一个木匣，轻飘飘地落在派武馆门前。

不过，他并没有用轻功越墙而入，而是拍拍身上的灰尘正步走至武馆大门，轻轻叩响门环。

值夜的小谷前来开门，一看来人装扮，惊喊一声：“您——您是？”他刚要转身回去通报，青衣人却向他一摆手，径自向校场走去。

校场上的灯光映着他的青衣和长剑，一起让月光照出两个长长的影子。

正在练习剑法的韩青锋并没有起身迎接，也没有停下来，如若无人。

青衣人淡淡地说：“我师弟出川寻草找药，竟败在你们派武馆门下，输得心服口服。在下也想请诸位大侠指教，特来拜访！”

“是专访，还是路过？”姬思木轻飘飘现身，后面自然也跟着派森恩。

“这位大侠想必是姬大侠？另两位想必是韩、派两位大侠。”青衣人不急不躁，摘下斗笠，鞠躬行礼，“自然是路过，我奉师命去北方公干，明日要赶回蜀地，正好路过贵馆，特来拜会。”

“请贵客前往客厅赐教。”姬思木还礼相让。

“不必客气，来去匆忙，奉上薄礼，谢诸位指教我门师弟，在下想与韩大侠切磋一二，即行告退。”青衣人并不受邀。

“打败你师弟的是我派森恩！”派森恩刚想上前理论，便让姬思木用扇柄轻轻拦住。

“如果我没猜错，你是想借韩青之手试探我们的功力吧？”姬思木不苟言笑，静若止水。

“您自己这么说，也是正好。免得我唐突。”青衣人再一拱手，“先送上薄礼——”他说着把匣子举过眉头。

“让我看看是啥宝物。”这次派森恩再抢向前，姬思木也没阻拦。

派森恩接过匣子，“啪”的一声弹开。

“咦？原来是一个烫画的木娃娃，还是个戴围巾的小姑娘哟！还烫画着符号‘功力 =9！’。”派森恩举给大家看看，还不忘解释一下，“是 9 后面真有感叹号，不是我加的。”

“拔开娃娃！”青衣人目不斜视，怀抱双手。

“里面还有一样的娃娃？不一样的是写着‘功力 =9*8！’。”

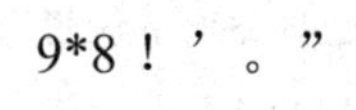

“继续拔开！”青衣人面无表情。

“这里面还有一样的娃娃，写着‘功力 =8*7！’。”

“继续拔！”青衣人懒得废话，冷冷一笑。

“继续拔开吗？里面还是一样的娃娃，这次是‘功力 =7*6！’。”

青衣人不再说话，全场只派森恩不断在拔开木娃娃。他每打开一个，就让小迪放在校场上摆好，等他拔到‘功力 =2*1！’时，娃娃已经像指头肚一样大小。

到最后一个“功力 =1”的时候，他好不容易用粗手指拔出这个最小的木娃娃来。派森恩一脸茫然，摊摊手：“您这是让我玩套娃？这不就是俄罗斯套娃吗？”

姬思木又用扇子把派森恩拨回身边，看一眼韩青锋，一个“韩——”字刚出口。就只见韩青锋剑花如链，直奔校场地上的一排木娃娃而去。

（二）递归算法比功力

只见月光之下，剑飞影冷。韩青锋剑指木娃娃们，咔——咔——咔——一个个从小往大又飞速地套回去。

每套一个更大的，韩青锋轻轻念一个“乘法口诀”，安静的氛围下声音更加分明：“1、2 得 2，2、3 得 6，4、6——24……到 x*9 后，剑已回鞘，韩青锋迅速地又说出一个响亮的数字“362880”。

开始听时，大家还有点儿印象，到后面几 * 几、几 *9 听得虽清但任谁也记不住，对最后这个巨大的数更是莫名其妙。

这时，青衣人却微微一笑，高高抱拳道一声：“佩服！”

韩青锋也抱拳回礼：“承让！我刚刚就在练‘递归’剑法”，巧合而已。”

```
#P-29-1  递归算法——阶乘
def fact(n):                        # 自定义函数
  if n>1:                           # 递归条件
     print('功力=',n,'*',(n-1),'!')
                                    # 跟踪显示传递的过程数据
     f=n*fact(n-1)                  # 递归公式，调用递归
     print(f'功力乘积：{int(f/n)}*{n}={f}') # 跟踪回归显示累乘
                                            的积
     return f                       # 返回当前结果
  else:                             # 传递的终止条件，即回归的条件
     print('功力=1 \n')             # 跟踪显示
     print("功力乘积:1)             # 跟踪显示累乘的积
     return 1                       # 结束递归

#主程序
n=9
print('功力=',n,'!')
print("\n功力总值：",fact(n))  # 调用递归
```

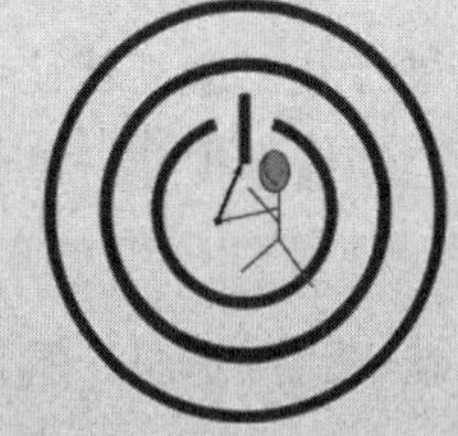

“快看，程序运行的数据与套娃数据是吻合的。”派森恩把程序运行给青衣人看。

【运行】

```
功力 = 9 !
功力 = 9 * 8 !
功力 = 8 * 7 !
功力 = 7 * 6 !
功力 = 6 * 5 !
功力 = 5 * 4 !
功力 = 4 * 3 !
功力 = 3 * 2 !
功力 = 2 * 1 !
功力 =1

功力乘积：1
功力乘积：1*2=2
功力乘积：2*3=6
功力乘积：6*4=24
功力乘积：24*5=120
功力乘积：120*6=720
功力乘积：720*7=5040
功力乘积：5040*8=40320
功力乘积：40320*9=362880

功力总值： 362880
```

姬思木慢悠悠地说：“递归剑法，先递，即层层拔开套娃；再归，即再套起木娃。这‘9！’是 9 的阶乘，即 1 乘以 2，乘以 3……一直到乘以 9；9*8！即当前数 9 乘以下一层的 8 阶乘，8*7！也类似。”

“让套娃再套起来，即从里到外回归时，归一层做一次乘法，1，1*2，2*3——实际就是从小乘起至最大数，即 1*2*3……*9 的积。”姬思木不动声色继续讲完了递归剑法。

“佩服！”青衣人举手致敬。

只见月光之下，剑飞影冷。

韩青锋剑指木娃娃们，咔——咔——咔——一个个从小往大又飞速地套回去。

（三）变脸故乡情

“哇——呀——呀——”派森恩不知道啥时候又下场去，身上还披上了一件大红袍，头戴一顶戏帽，一口川剧亮起了嗓子。

只见他一回头，一摸脸，立马换成一张大红脸；又一回头，一摸脸，竟然又变出一张大蓝脸，如此来回变换好多脸谱，配合地道的四川话，真是精彩绝伦。最后，派森恩一手摸脸，一手扯袍，摆好姿势，静止不动。

静默几秒钟，青衣人带头鼓起掌来：“派武馆高手这么多，蜀门绝活川剧变脸派大侠也表演得好地道噻。”

“你这瓜娃子，原来是变脸王的弟子，失敬！”派森恩故意这么说，其实他早已猜到。

“对头！家师派我去俄罗斯探秘套娃制作，没想到遇见您也会变脸绝活，原是江湖一家人嗦。”青衣人让派森恩的热情感染，真真的是老乡见老乡、两眼泪汪汪的情景。

“哈哈——同门师兄弟客气啥子，我幼时也拜变脸王为师的，只是后来荒废武功。在此见你的套娃功力深厚，想必也会变脸武功噻。”

派森恩热情地拉起青衣人，硬往客厅拖。

韩青锋掂掂手中的套娃，望望姬思木，问：“这川剧变脸里也有递归吗？”

姬思木没有作答，伸手让韩青锋搀着，上台阶往客厅而去。

接下来，派武馆又热闹起来。

派森恩拉着青衣人，逐个介绍武馆的人员：这是计算思维剑道大师姬思木，这是算法设计剑法大侠韩青锋，这是弟子小谷、小迪……当然，更多是高谈阔论川剧变脸怎样怎样，门中这点儿秘密差点让他用豪放的四川话给透露个底朝天，好在四川话说快了多数人也听不懂。

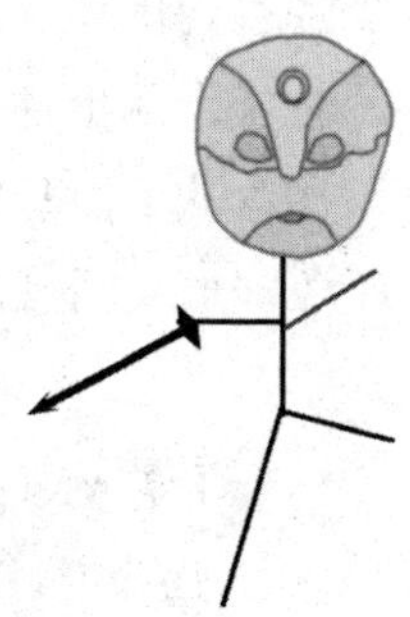

月是故乡明。一番畅谈之后，青衣人留下套娃坚持连夜回川，踏着这茫茫月色策马追寻西蜀故乡的明月去了。

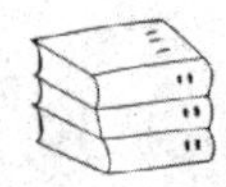

武功秘籍

话说，套娃套出一个递归算法，变脸变出两个同门老乡。派森恩送走了老乡青衣人，又开始研究同门师弟带来的递归算法。这一研究，才发现递归里面学问很多，既有"从前有座山"的故事，还有一个经典的汉诺塔游戏，让他又差点儿着迷，还是先把算法实验正确记录在武功秘籍中是正事。

汉诺塔递归程序的数据实验

【实验背景】

2020 年 8 月 3 日，夏焱以 33.039 秒的成绩成功打破 6 层汉诺塔吉尼斯世界纪录。

2021 年 5 月 16 日，中国龙岩的陈诺以 29.328 秒的成绩打破 6 层汉诺塔吉尼斯世界纪录。

汉诺塔玩具是一种益智类的游戏工具，实物操作很具趣味、思维等特点。其思维方式可以用程序的递归算法来模拟。

【实验原理】

汉诺塔（Tower of Hanoi），又称河内塔，是一个源于印度古老传说的益智玩具。传说，大梵天创造世界的时候做了三根金刚石柱子，在一根柱子上从下往上按照大小顺序摞着 64 片黄金圆盘，大梵天命令婆罗门把圆盘从下面开始按大小顺序重新摆放在另一根柱子上。规定，在小圆盘上不能放大圆盘，在三根柱子之间一次只能移动一个圆盘。

【实验程序】

```
#P-29-2 汉诺塔——递归
#定义一个函数，将 n 个盘子从 a
借助 b 移到 c
```

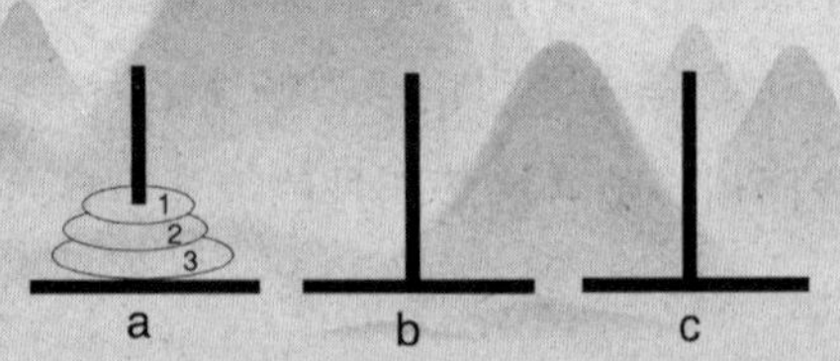

```
def hanoi(n,a,b,c):
    # 当只有一个盘子时，直接从 a 移到 c
    if n==1:
        print(n,"号盘子移动：",a,"->",c)
    else:
        # 先将 n-1 个盘子从 a，借助 c，移到 b
        hanoi(n-1,a,c,b)
        # 再将最下面的盘子从 a 移到 c
        print(n,"号盘子移动：",a,"->",c,"\n")
        # 将 n-1 个盘子从 b，借助 a，移到 c
        hanoi(n-1,b,a,c)
# 主程序
n=int(input("请输入盘子的个数："))
print(f'将 1-{n} 号盘子从 a 柱，借助 b 柱，移到 c 柱上：  \n')
hanoi(n,'a','b','c') # 调用函数
```

【实验样本】

```
请输入盘子的个数：3
将 1-3 号盘子从 a 柱，借助 b 柱，移到 c 柱上：

1 号盘子移动： a -> c
2 号盘子移动： a -> b

1 号盘子移动： c -> b
3 号盘子移动： a -> c

1 号盘子移动： b -> a
2 号盘子移动： b -> c

1 号盘子移动： a -> c
```

【实验思考】

1. 在移动盘子的时候，怎么看出在用递归？
2. 递归的回归条件的作用是什么？

第三十四回 折半快速寻亡羊，分而治之保平安——分治算法：分组高效处理

送走青衣人，平日里好大喜功、玩世不恭的派森恩却突然安静起来。

他跟姬思木认真研究“剑道”——计算思维，与韩青锋刻苦学习“剑法”——算法设计，还带领弟子们勤恳练习“剑术”——程序设计。

人人都说派森恩像换了一个人似的，连小谷、小迪也不太敢跟他开玩笑了。

这样安安静静过去两天。第三天早上，有一件事打破了派武馆的安宁。

（一）亡羊谜团

一大清早，兼任厨师的杨二舅就来向派森恩报告，说韩大侠买回的一只山羊不见了。

本来，今天早上他是要去羊圈牵出这只山羊，准备给弟子们炖“三伏羊汤”的。可是，他去羊圈的时候，发现圈门开着，羊却没了踪影。

派森恩听完，就一起去找值夜的小迪问询夜间的情况。小迪说没听见什么动静，连大门都一直好好关着。

这事儿真奇怪。不过，派森恩最近很冷静，所以没着急，他先请杨二舅回去做西红柿鸡蛋汤，说这种汤营养价值也很高。

杨二舅还要说些什么，派森恩摆摆手，让他忙去。

杨二舅磨磨唧唧、唉声叹气地一步三回头地走了。

早操后，喝过西红柿鸡蛋汤，大家都去听姬思木讲“剑道”。

派森恩自己却慢悠悠地独步到大门口值班室。

这会儿换成小谷在值班，派森恩请小谷调出大门的监控视频回放。

“小谷，我们看仔细点，一只飞鸟也不要放过。”派森恩严肃地说。

“派大侠，这种顺序查找就跟枚举差不多吧？”小谷问派森恩。

“对、对，我们用程序举个顺序查找的例子再温习一下吧！”派森恩强调，“顺序查找的好处是不会遗漏。”

小谷就趁派森恩看回放的当口儿，自己做了一个顺序查找温习算法。

```
#P-30-1 顺序查找
def find(data,t):
    w=[]                    # 记录位置
    j=-1                    # 开始位置在表外面
    print(f'现在要在{data}中找数{t}')
    for x in data:          # 遍历数据
        j=j+1               # 当前位置后移
        if x==t:            # 找到数据
            w.append(j)     # 位置记录在列表中
    return w                # 返回位置列表
# 主程序
print('[顺序查找]')
x=int(input('要找的数是:') or '5')    # 默认值5,表示小鸟
m = [0,1,4, 7, 5, 3, 9,5, 8, 6, 2,5]# 测试数据
p=find(m,x)         # 调用查找自定义函数
if len(p)!= 0:  # 如果记录位置的列表长度不为0,即找到
    print(f'在{m}中,{x}的位置是:{p}')
else:
    print(f'在{m}中,未找到{x}!')
```

结果，派森恩师徒俩一上午也没有看完大门监控视频，大门一直紧闭，没发现有人进出，只发现有几只鸟儿飞过。

【运行】

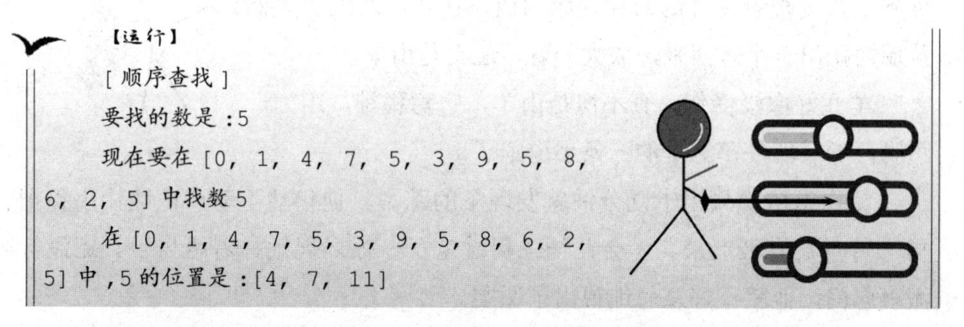

```
[顺序查找]
要找的数是:5
现在要在[0, 1, 4, 7, 5, 3, 9, 5, 8, 6, 2, 5]中找数5
在[0, 1, 4, 7, 5, 3, 9, 5, 8, 6, 2, 5]中,5的位置是:[4, 7, 11]
```

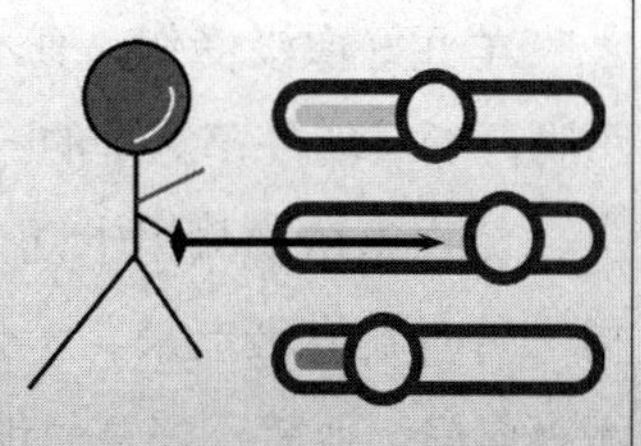

下午，派森恩午睡起来后，又去找小谷看监控视频回放。

小谷中午值班没睡，有点儿不精神，就说：“派大侠，你啥也没发现，还看吗？”

派森恩淡淡一笑：“准确地说，我这次要查，不是看。”

小谷疑惑地说：“咋查？”

派森恩神秘地低声说：“折半查——”

小谷惊奇地也低声说：“把计算机掰开查？”

派森恩严肃地说：“不用掰开计算机，只把监控视频的文件掰开就可以。”

“掰开文件？”小谷一脸迷茫。

师徒俩先把昨天的监控视频文件都找出来。

派森恩用播放器打开一个，就直接拖到中间看看，再往后拖到剩下的一半看看，继续拖到剩下的一半再看看。

如此看，很快就看完了三处监控视频文件。

当看到第四个监控视频文件时，就是花坛那儿围墙的监控视频后四分之一处，正是黎明时分，突然在远处出现两个模模糊糊的黑影。这两个黑影，一高一矮。

小谷瞪大眼睛：“这高的蒙着头，可也能看出像杨二舅，他那走路姿势太显眼。”

高的黑影果然像杨二舅，他把矮黑影举过墙头去。本来有点儿吃力，那个东西还不配合，费半天劲才连推带扔地把它推出墙外。当这个黑影转过头来时，果然更像杨二舅。他四处望望，快步消失在监控范围中。

派森恩和小谷又去打开第五个监控视频文件，拖着进度条，快进查看墙外的监控视频回放，在相同时间，果然从墙内跳出一个东西来，放大一看，还真是山羊。

羊儿好像没受伤。真不愧是山羊，它稳稳神，用力一蹬脚，顺着墙外草丛里的一条小道跑了。

派森恩这次只用十几分钟就发现羊的踪影，他仍然不动声色地让小谷把杨二舅叫到值班室来。一会儿杨二舅过来了，很局促地搓着两只手。还没等派森恩问，他就不好意思地说出了原委。

原来杨二舅因为姓杨，“杨”与“羊”同音，所以他迷信传言就从来不吃羊肉。昨天韩青锋买回一只山羊，让杨二舅今天宰羊。他竟一夜没睡好，黎明就起来偷偷把羊推出墙外让它逃跑。

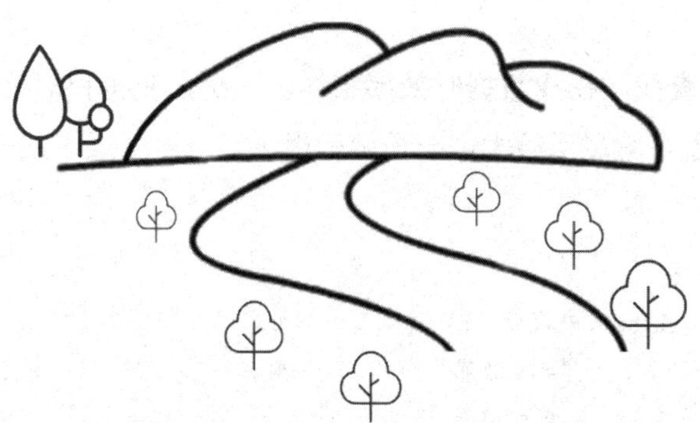

真不愧是山羊，它稳稳神，用力一蹬脚，顺着墙外草丛里的一条小道跑了。

派森恩苦笑着说:“我的二舅啊，大可不必偷偷放生，您直接提出来多好，还不用违犯纪律。”

杨二舅点点头，恳切地说:“扣我工资抵羊钱吧，我实在不能杀羊。”

“不用扣，羊肯定没跑远，真跑远也会让别人逮住，照样被炖。”派森恩故作冷酷的样子，“您现在顺着墙外的小路去追羊，羊儿迷恋河边青草，肯定还在河边逍遥自在。”

“那——羊儿追回来，还吃它吗？”杨二舅有些迷茫。

“让它当你的小伙伴吧。”派森恩耸耸肩走出值班室。

“好嘞！”杨二舅跟出来，来不及感谢，匆匆忙忙到河边找羊去。

没过多久，杨二舅就哼着小曲牵着羊儿回到派武馆。

羊儿咩咩地追着杨二舅手里的一把青草，一只羊角上，还挂着一个小花环。

（二）折半查找

大家很好奇派森恩这么快就破了案，把羊找了回来。

派森恩很谦虚地说:“我们上午从头到尾查看监控视频的办法太笨了，下午我又和小谷采用一种新算法，按时间进行‘折半查找’，很快就发现了羊的踪影。”

“折半查找，又称二分查找，在找数据时效率很高。回头，我可得对锋大侠显摆显摆！”派森恩说着，就展示给大家一个示范程序。

```
#P-30-2 折半查找数据
def search(data, t):
    print(f'现在要在{data}中找数{t}\n')
    left= 0                     #左边界
    right= len(data)-1          #右边界
    while  left <= right:   #当左边界不大于右边界
        k = (left + right) // 2 #中间位置
        print(f'查找过程->左边界:{left},中间位置:{k},右边界:{right}')

        if t>data[k] :          #若比中间位置的值大，左边界右移到中间右一个位置
```

```
            left =  k + 1
        elif t<data[k] :       # 若比中间位置的值小，右边界左移到中
                                 间左一个位置
            right = k - 1
        else:                  # 若等于中间值
            return k           # 返回找到的位置
    return -1                  # 找不到返回 -1

# 主程序
m = [0,1, 4,7, 5, 3, 9, 8, 6, 2] # 测试数据
m2=sorted(m)                   # 折半查找需要排序，使用备份排序，避
                                 免影响原来所处的位置
x=int(input('要找的数是：'))
print('[折半查找]')
p=search(m2, x)  # 调用自定义函数
if  p != -1:
    print(f'\n在排序后的{m2}中，{x}的位置是：{p}')
    print(f'在排序前的{m}中，{x}的位置是：{m.index(x)}')
else:
    print(f'\n在{m2}中，未找到{x}!')
```

【运行】

```
要找的数是：5
[折半查找]
现在要在[0,1,2,3,4,5,6,7,8,9]中找数5

查找过程->左边界：0, 中间位置：4, 右边界：9
查找过程->左边界：5, 中间位置：7, 右边界：9
查找过程->左边界：5, 中间位置：5, 右边界：6

在排序后的[0,1,2,3,4,5,6,7,8,9]中，5的位置是：5
在排序前的[0,1,4,7,5,3,9,8,6,2]中，5的位置是：4
```

这次，派森恩讲解得很有文绉绉的姬思木风范，还具有有条不紊的韩青锋风格，并在黑板上画出查找“5”的示意图。

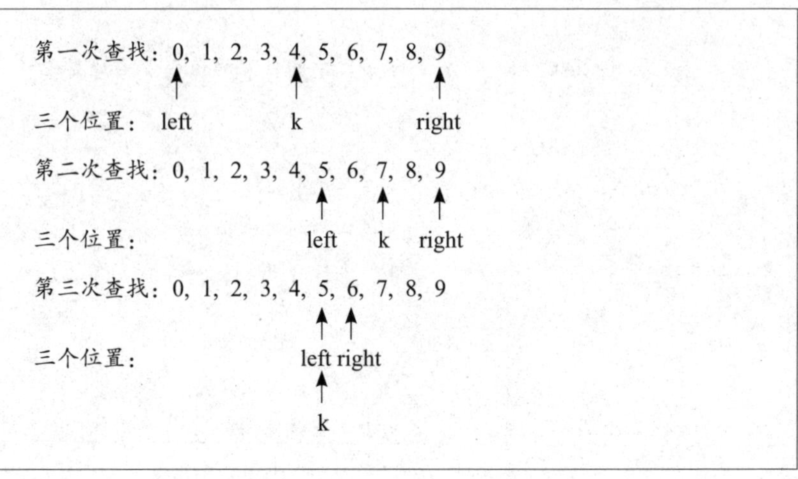

折半查找“5”的示意图

“**折半查找是一种分治策略的算法，把一组事分成两组事来做**，效率自然会高。”派森恩侃侃而谈。

“派大侠，可是这折半查找只能找排序后的数据，只对录像时间这种有序的数据有效吧？”小谷提出疑问。

“是的，如果是重复的数，目前只能找到 1 个，以后可以改进。不同算法有不同的适用范围，以高效解决问题为准。”派森恩对小谷说。

“那用 x in [0,1,2,3,4,5] 判断有没有 x，再用 data.index(x) 判断位置也行吧？”小谷也学会了思考质疑。

派森恩赞扬小谷：“多思考就能进步。两者配合起来也可以解决，但只是用内部函数解决问题，咱在草地寻箭时用过。这里是体会分治策略嘛，这可是姬大侠常说的计算思维之问题‘分解’哦！”

派森恩继续说：“这次，我们也应感谢杨二舅，是他提醒我们安保监控要分治管理，给值班室监控要多加屏幕，东、西、南、北每区一个屏幕，这也是用分治来高效观察，这真是分而治之保平安啊！”

小山羊呢？它从此成为杨二舅的小助手。杨二舅给小山羊编了一个小驮篓，常常带它去买菜。杨二舅在河边洗菜，小山羊就开心地吃青草、追蝴蝶，咩咩地唱着歌奔跑撒欢。

武功秘籍

话说，派森恩用折半查找快速寻找到了丢失的山羊，山羊还成了杨二舅的小助手，一时传为美谈。不久，杨二舅又来找派森恩，说有满抽屉硬币，刚才丢进一枚硬币后才感觉不太对劲，感觉刚丢进去的硬币有点儿轻，怎么找出这枚假币呢？派森恩笑他又来考验自己，幸亏手上有本武功秘籍，当然是用“分治策略”来找。派森恩用分治模拟找假币，与众不同的是，用清 0 法把分组直观地显示出来，让大家更容易理解。

用分治策略分组称重查找假币的数据实验

【实验背景】

分治策略，是将一个复杂的问题分为规模较小的问题，计算简单的小问题求解，然后综合小问题，得到最终的答案。我们经常用的大事化小、各个击破、化整为零、分而治之等成语也体现出分治策略的思想。当然分组的时候不是分的组越多越好，如果 n 个数据分成 n 组也就跟没分治一样了。

【实验原理】

假币问题：有 n 枚硬币，其中有一枚是假币，已知假币的重量较轻。现只有一个天平，要求用尽量少的比较次数找出这枚假币。

二分策略（又称“二分法”）的算法：

（1）将所有的硬币等分为两份，放在天平的两边。这样就将区分假币的问题变为区别两堆硬币的问题。

（2）因为假币分量较轻，因此天平较轻的一侧中一定包含假币。

（3）再将较轻的一侧中硬币等分为两份，重复上述做法。

（4）直到剩下两枚硬币，便可用天平直接找出假币。

【实验程序 1】

```
#P-30-3  查找假币——用循环实现分治
import random
def f(s,l,r):                        # 分治称重量自定义函数
    while 1 :
        m=int((l+r)/2)               # 中间位置
        lw=sum(s[l:m+1])             #s[0]~s[m] 左组重量
        rw=sum(s[m+1:r+1])           #s[m+1]~s[r] 右组重量
        print(s,end='    ')          # 显示有效数据
        print('<左界:',l,'中间:',m,'右界:',r,'><左组重:',lw,'
右组重:',rw,'>')                      # 显示位置、分组重量
        if lw==rw:print('无假币');return  -1 #如果两组一样重，无假币
        if lw<rw:                                # 如果左组轻
                if r-l==1:  return l             # 各组只有1枚硬币，左
                                                   组轻，假币位置是左边 l
                for i in range(m+1,r+1): s[i]=0  # 右边组数据清 0
                r=m                              # 右边界左移到 m
        else:                                    # 如果右组轻
                if r-l==1:  return r             # 各组只有 1 枚硬币，
                                                   右组轻，假币位置
                                                   是右边 r
                for i in range(l,m+1): s[i]=0    # 左边组数据清 0
                l=m+1                            # 左边界右移
# 主程序
n=2                                              # 实验次数
for  i in  range(n):                             # 多次实验
    s=[9,9,9,9,9,9,9,9,9,9,9,9,9,9,9,9]          # 设置真币重量
    x=random.randint(0,len(s)-1)                 # 随机一个位置
```

```
    s[x]=8                                  # 在随机位置设为假币重量
    l=0                                     # 左边界
    r=len(s)-1                              # 右边界
    p=-1                                    # 假币位置
    w=f(s,l,r)                              # 调用分治称重量
    print('假币位置 :',w)
    #print('查找正确与否: ',x==w)            # 测试正误
```

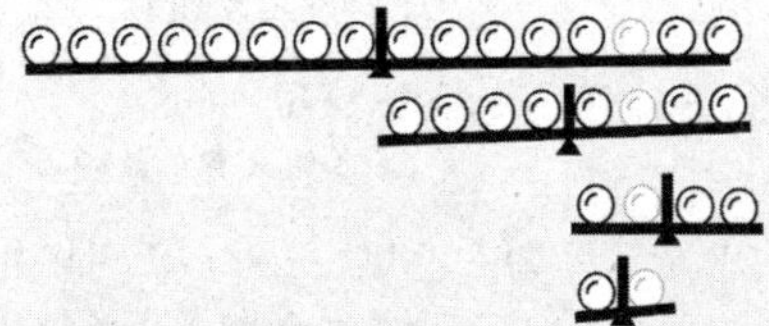

【实验样本】

```
[9,9,9,8,9,9,9,9,9,9,9,9,9,9,9,9]<左界:0 中间:7 右界:15><左组重:71 右组重:72>
[9,9,9,8,9,9,9,9,0,0,0,0,0,0,0,0]<左界:0 中间:3 右界:7><左组重:35 右组重:36>
[9,9,9,8,0,0,0,0,0,0,0,0,0,0,0,0]<左界:0 中间:1 右界:3><左组重:18 右组重:17>
[0,0,9,8,0,0,0,0,0,0,0,0,0,0,0,0]<左界:2 中间:2 右界:3><左组重:9 右组重:8>
假币位置 :3
[9,9,9,9,9,9,9,9,9,9,9,9,8,9,9,9]<左界:0 中间:7 右界:15><左组重:72 右组重:71>
[0,0,0,0,0,0,0,0,9,9,9,9,8,9,9,9]<左界:8 中间:11 右界:15><左组重:36 右组重:35>
[0,0,0,0,0,0,0,0,0,0,0,0,8,9,9,9]<左界:12 中间:13 右界:15><左组重:17 右组重:18>
[0,0,0,0,0,0,0,0,0,0,0,0,8,9,0,0]<左界:12 中间:12 右界:13><左组重:8 右组重:9>
假币位置 :12
```

【实验程序 2】

```
#P-30-4  查找假币——用递归实现分治
import random
def f(s,l,r):                  # 分治称重量自定义函数
    m=int((l+r)/2)             # 中间位置
    lw=sum(s[l:m+1])           # s[0]~s[m] 左组重量
    rw=sum(s[m+1:r+1])         # s[m+1]~s[r] 右组重量
```

```
    print(s,end='    ')     # 显示数据
    print('< 左界 :',l,' 中间 :',m,' 右界 :',r,'>< 左组重 :',lw,'
右组重 :',rw,'>')                # 显示位置、分组重量

    if lw==rw:print(' 无假币 ');return -1
                                # 如果左右两组重量相等，无假币

    if lw<rw:                   # 如果左组轻
        if r-l==1:  return l
                                # 各组只有 1 枚硬币，左组轻，假币位置是左边 l
        for i in range(m+1,r+1): s[i]=0
                                # 右边组数据清 0
        r=m                     # 右边界左移到 m
        return f(s,l,r)         # 递归调用，继续找左组

    else:                       # 如果右组轻
        if r-l==1:  return r    # 各组只有 1 枚硬币，右组轻，
                                  假币位置是右边 r
        for i in range(l,m+1): s[i]=0   # 左边组数据清 0
        l=m+1                   # 左边界右移
        return f(s,l,r)         # 递归调用，继续找右组

# 主程序
n=2                     # 实验次数
for  i in  range(n):    # 多次实验
  s=[9,9,9,9,9,9,9,9,9,9,9,9,9,9,9,9]
```

```
#设置真币重量
x=random.randint(0,len(s)-1)  #随机一个位置
s[x]=8                        #在随机位置设为假币重量
l=0                           #左边界
r=len(s)-1                    #右边界
w=f(s,l,r)                    #调用分治称重量
print('假币位置：',w)
#print('查找正确与否：',x==w)  #测试正误
```

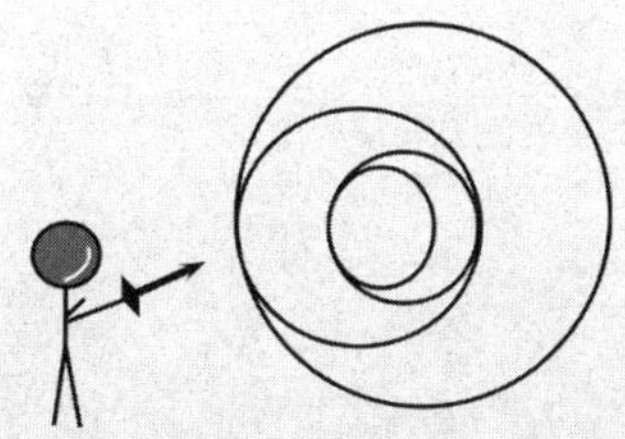

【实验样本】

```
[9,9,9,9,9,9,9,9,9,9,9,9,9,8,9,9]<左界:0 中间:7 右界:15><左组重:72 右组重:71>
[0,0,0,0,0,0,0,0,9,9,9,9,9,8,9,9]<左界:8 中间:11 右界:15><左组重:36 右组重:35>
[0,0,0,0,0,0,0,0,0,0,0,0,9,8,9,9]<左界:12 中间:13 右界:15><左组重:17 右组重:18>
[0,0,0,0,0,0,0,0,0,0,0,0,9,8,0,0]<左界:12 中间:12 右界:13><左组重:9 右组重:8>
假币位置:13
[9,9,9,9,9,9,9,8,9,9,9,9,9,9,9,9]<左界:0 中间:7 右界:15><左组重:71 右组重:72>
[9,9,9,9,9,9,9,8,0,0,0,0,0,0,0,0]<左界:0 中间:3 右界:7><左组重:36 右组重:35>
[0,0,0,0,9,9,9,8,0,0,0,0,0,0,0,0]<左界:4 中间:5 右界:7><左组重:18 右组重:17>
[0,0,0,0,0,0,9,8,0,0,0,0,0,0,0,0]<左界:6 中间:6 右界:7><左组重:9 右组重:8>
假币位置:7
```

【实验思考】

1. 二分法的左边界、中间位置、右边界在分治中如何变化？

2. 对比循环、递归两种方式实现递归的异同点？指出递归的本质是什么。

第叁卷

争锋

第八章 毕业擂台击剑赛，水桶冒泡比输赢

派武馆整顿监控实施分治管理，这也是亡羊补牢，犹未为晚。

从此以后，全馆人员安心学习，快乐练剑，多日无事，暑假不知不觉已过大半，即将结束。

姬思木、派森恩、韩青锋商议规划派武馆的结业典礼。

结业典礼要展现派武馆的剑术、剑法和剑道，编程、算法、计算思维一个都不能少。

“所以，要举行大型武术表演，集体隆重欢庆；所以，要举办击剑擂台赛展现剑术功夫；所以，要进行剑法套路表演赛展示剑法实力；所以，要颁发‘派’奖章、‘派’星剑表彰剑道精神……”派森恩一口气说出好多“所以”。

姬思木点点头，韩青锋点点头，大家都十分同意。

于是派森恩用力喝一大口热茶，急急忙忙跑去筹备了。

第三十一回 击剑淘汰倒计时，胜负刹那心中惊——倒计时：系统时间与日期

经过紧张筹备，毕业典礼在大型武术集体表演中拉开帷幕。

紧接着，大家期盼的最惊心动魄的“击剑”擂台赛开始了。预先挑选出来打擂的剑客，穿着厚厚的保护服，进行分组剑术技击打擂。经过小组预选赛选出的各组第一名将参加半决赛、决赛。

（一）击剑倒计时

派武馆的“击剑”擂台赛规则是：每一场 9 分钟。在 9 分钟内，用剑先击中对方衣服上的传感器部位 15 次即获胜。如果 9 分钟之内，双方都达不到击中对方 15 剑，获得点数多的获胜。如果点数相同，将进行加时赛，一剑决胜负。

为更准确地计算点数，剑和保护服构成传感电路，自动判断击中与否，并自动计分，裁判小组使用的程序算法非常复杂。

但是，我们还是可以用韩青锋设计的程序来模拟数据，管中窥豹。

“锋，这 9 分钟用于程序模拟太长，我们用 9 秒钟测试吧？”派森恩咨询韩青锋的意见。

“当然可以。”韩青锋点点头，把倒计时调到计秒。

派森恩认真地用程序模拟起剑客们的击剑比赛来。

```
#P-31-1  击剑比赛——倒计时及热键中断
import time
import random
print('按下Enter开始计时，严重犯规Ctrl+C中止比赛。')
chang=0          #场次初始化
while True:
    chang+=1   #场次累计
    input(f"\n按下Enter，第{chang}场比赛计时，开始！")
```

```
try:
    t=9.0                                  # 计时总秒数
    r=0                                    # 记录红方获胜的点数
    b=0                                    # 记录黑方获胜的点数
    print(f'【倒计时：{t}秒】')            # 显示初始秒数

    #15点内且9秒内继续。有人大于15点或超时结束
    while  t>0 and r<15 and b<15:
        # 传感数据，随机模拟红方可能的赢取点数，累加总点数
        r=r+random.randint(0,1)
        # 传感数据，随机模拟黑方可能的赢取点数，累加总点数
        b=b+random.randint(0,1)

        time.sleep(0.5)   # 间隔0.5秒
        t=t-0.5           # 倒计时
        print(f'【倒计时：{t}秒】',end='')
        print(f'红方获：{r}点，黑方获：{b}点。')
    # 加时赛
    #r=b=12                      # 可设置点数相等的测试数据
    if r==b:                     # 如果点数相等
        input(f'\n红方获{r}点，黑方获{b}点，当前平局。按
Enter进入加时赛！')

    while r==b:                  # 加时赛，一剑决胜负，相等就继续比
        print(f'红方获{r}点，黑方获{b}点，当前平局。一剑决胜负！')
        r=r+random.randint(0,1)
                                 # 模拟红方赢取点数，累加总点数
        b=b+random.randint(0,1)
                                 # 模拟黑方赢取点数，累加总点数
        time.sleep(0.5)          # 间隔0.5秒
    #判断胜负
    print('\n比赛结果：')
```

```
                if r>b:
                    print(f'红方获{r}点，黑方获{b}点。【红方获胜！】')
                else:
                    print(f'黑方获{b}点，红方获{r}点。【黑方获胜！】')

        except KeyboardInterrupt:    # 中断激发，一般是 Ctrl+C
            print('\n严重犯规中止比赛，人工判罚。')
            break
```

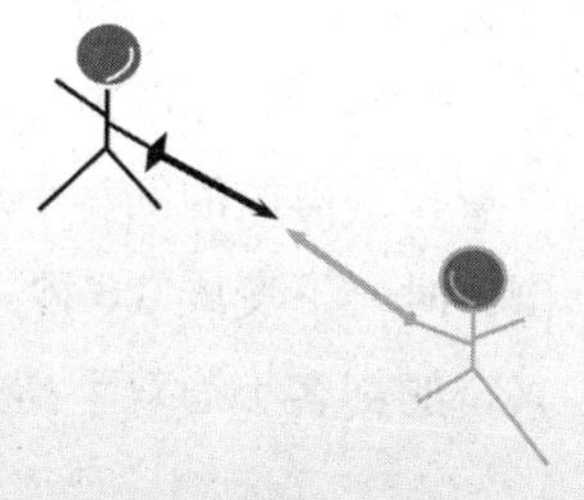

激烈的擂台赛开始了。

看着大屏幕上倒计时数字在半秒半秒地跳动，人们的心也随之紧张地跳动。

只见擂台之上，剑客们你来我往，剑光闪闪。有时，不到时间就分出胜负；有时，在最后一刻才有人获得胜利；有时，用完时间依然平局，再进入残酷的加时赛一剑决胜负。当然，也有的剑客选手因为台上犯规被罚出比赛。

不论是红方胜或者黑方胜，台下都是一波一波的叫好声。

（二）勇夺“金派剑”

现在来到半决赛。小迪身披战袍，以红方出场。

只见他手执长剑，寒光一闪，直取黑方胸前，黑方急闪，剑击空。黑方趁机回击，剑击更快，随之灯一亮，黑方轻取 1 点。

接着，红方出剑更快，赢回 1 点。

执着的剑客小迪追平之后，接下来的双方频频走空，比分胶着。

突然，黑方又连刺 2 剑，小迪竟然落后 1 点。

但接下来，坚韧的剑客小迪振作精神，不断追平，然后领先 1 点。

当还剩最后 1 秒时，小迪领先 1 点。

派森恩、小谷兴奋异常。

这时，黑方突然一招连环剑直击小迪前胸。不幸的剑客小迪闪得虽然极快，但还是中剑。

9 ∶ 9 平，场上的气氛异常紧张，大家都屏住呼吸。

“着！”勇敢的剑客小迪一声大喊，最后半秒击中黑方。

倒计时一下变成 0.0 秒。

兴奋的剑客小迪双手高举，以 10 ∶ 9 的微弱优势进入决赛。

```
【运行】
按下 Enter 开始计时，按下 Ctrl + C 严重犯规中止比赛。

按下 Enter，第 17 场比赛计时，开始！
【倒计时：9.0 秒】
【倒计时：8.5 秒】红方获：0 点，黑方获：1 点。
【倒计时：8.0 秒】红方获：1 点，黑方获：1 点。
【倒计时：7.5 秒】红方获：1 点，黑方获：1 点。
【倒计时：7.0 秒】红方获：2 点，黑方获：1 点。
【倒计时：6.5 秒】红方获：3 点，黑方获：2 点。
【倒计时：6.0 秒】红方获：4 点，黑方获：3 点。
【倒计时：5.5 秒】红方获：4 点，黑方获：4 点。
【倒计时：5.0 秒】红方获：5 点，黑方获：4 点。
【倒计时：4.5 秒】红方获：5 点，黑方获：5 点。
【倒计时：4.0 秒】红方获：6 点，黑方获：5 点。
【倒计时：3.5 秒】红方获：7 点，黑方获：6 点。
【倒计时：3.0 秒】红方获：7 点，黑方获：7 点。
【倒计时：2.5 秒】红方获：7 点，黑方获：8 点。
【倒计时：2.0 秒】红方获：8 点，黑方获：8 点。
【倒计时：1.5 秒】红方获：8 点，黑方获：9 点。
【倒计时：1.0 秒】红方获：9 点，黑方获：9 点。
【倒计时：0.5 秒】红方获：9 点，黑方获：9 点。
【倒计时：0.0 秒】红方获：10 点，黑方获：9 点。

比赛结果：
红方获 10 点，黑方获 9 点。【红方获胜！】
```

下午，决赛开始，校场上锣鼓喧天。

这次机智勇敢的剑客小迪以黑方出场，红方变成强壮有力的剑客小鼓，

他们将在决赛中一决高低。

紧张的争锋时刻来临，比赛计时开始。

黑方剑客小迪出手一剑即获 1 点，再出一剑又获 1 点，全场轰动。

红方剑客小鼓振作精神，一点一点紧追不舍，追成 4 ∶ 4 平。

小迪再接再厉一度领先，但接下来不断胶着在 7 ∶ 7 平、8 ∶ 8 平、9 ∶ 9 平，平的时候大家的精神更加紧张。

到最后，双方都很谨慎，虽然英勇的剑客小迪大吼一声“着”夺回一点，但霸气的剑客小鼓随后出剑……最终胶着在 10 ∶ 10 平。

最后，双方都跃跃欲试，但谁也不主动出剑。

倒计时结束，即将进入加时赛。

休息片刻后，两位越战越勇的剑客重新披挂上阵。

“着！”“着！”“着！”

大家还没看到什么动作，都略显急躁的剑客红方小鼓、黑方小迪三剑都击空。

台下看客都紧张得要命，期待着分出胜负的那一剑。

突然，只听黑方“哇”一声欢呼。

是黑方，是黑方英勇无敌的剑客小迪一剑绝杀，以 1 点的优势获得胜利，获得本次击剑擂台赛的冠军！

【运行】

```
按下 Enter 开始计时，严重犯规 Ctrl+C 中止比赛。
按下 Enter，第 1 场比赛计时，开始！
【倒计时：9.0 秒】
【倒计时：8.5 秒】红方获：0 点，黑方获：1 点。
【倒计时：8.0 秒】红方获：0 点，黑方获：2 点。
【倒计时：7.5 秒】红方获：1 点，黑方获：3 点。
【倒计时：7.0 秒】红方获：2 点，黑方获：3 点。
【倒计时：6.5 秒】红方获：3 点，黑方获：4 点。
【倒计时：6.0 秒】红方获：4 点，黑方获：4 点。
【倒计时：5.5 秒】红方获：4 点，黑方获：5 点。
【倒计时：5.0 秒】红方获：5 点，黑方获：6 点。
【倒计时：4.5 秒】红方获：6 点，黑方获：7 点。
【倒计时：4.0 秒】红方获：7 点，黑方获：7 点。
```

```
【倒计时 :3.5 秒】红方获 :8 点 , 黑方获 :8 点。
【倒计时 :3.0 秒】红方获 :8 点 , 黑方获 :8 点。
【倒计时 :2.5 秒】红方获 :8 点 , 黑方获 :9 点。
【倒计时 :2.0 秒】红方获 :9 点 , 黑方获 :9 点。
【倒计时 :1.5 秒】红方获 :9 点 , 黑方获 :9 点。
【倒计时 :1.0 秒】红方获 :9 点 , 黑方获 :10 点。
【倒计时 :0.5 秒】红方获 :10 点 , 黑方获 :10 点。
【倒计时 :0.0 秒】红方获 :10 点 , 黑方获 :10 点。

红方获 10 点 , 黑方获 10 点 , 当前平局。按下 Enter 进入加时赛 !

比赛结果:
黑方获 11 点 , 红方获 10 点。【黑方获胜 !】
```

派森恩与小谷高兴地拥抱，然后大喊：“小迪——冠军！小迪——冠军！”

这时韩青锋瞥一眼他们，笑着说：“这比赛精彩，亚军也非常棒。”

派森恩与大家又一起喊起来：“小鼓——真棒！小鼓——真棒！”

击剑擂台赛尘埃落定，大家的期盼又转到明天的剑法套路比赛上。

武功秘籍

话说，剑客新秀小迪以自己的灵敏、机智、速度和毅力勇夺击剑冠军，派森恩作为授业老师也由衷喜悦。弟子小谷说对倒计时的程序很感兴趣，于是派森恩趁着高兴给他细致地指导如何进行系统时间的获取实验，并把技术记录在武功秘籍中。

今夕是何年，使用时间函数制作电子时钟的数据实验

【实验背景】

系统时间函数用途非常多，除去可以计时、做时钟等，还可以获得日期来做日历。

【实验原理】

import time 是调用系统时间模块；time.time( ) 返回当前时间的时间戳（从 1970 年 1 月 1 日 00：00：00 到当前时间）；time.localtime( ) 是获得当前时间。**time.localtime( ).tm_year 是用 time.localtime( ) 的方法获得当前年**，其他内容类似。

```
>>> import time
>>> time.time()
1674116641.405261
>>> time.localtime()
time.struct_time(tm_year=2023,tm_mon=1,tm_mday=19,tm_hour=16,tm_min=24,tm_sec=5,tm_wday=3,tm_yday=19,tm_isdst=0)
>>> time.localtime().tm_year
2023
>>> time.localtime().tm_mon
1
>>> time.localtime().tm_mday
19
```

【实验程序】

```
#P-31-2  电子时钟——时间日期
import time
print('Ctrl+C 停止 ')
try:
    while True:
        t= time.localtime()
        y=t.tm_year
        m=t.tm_mon
        d=t.tm_mday
        h=t.tm_hour
        f=t.tm_min
        s=t.tm_sec
```

```
        print(f'现在是 {y} 年 {m} 月 {d} 日 {h}: {f}: {s}')
        time.sleep(1)

except KeyboardInterrupt:
        print()
```

【实验样本】

```
Ctrl+C 停止
现在是 2023 年 7 月 19 日 16:45:25
现在是 2023 年 7 月 19 日 16:45:26
现在是 2023 年 7 月 19 日 16:45:27
现在是 2023 年 7 月 19 日 16:45:28
现在是 2023 年 7 月 19 日 16:45:29
现在是 2023 年 7 月 19 日 16:45:30
现在是 2023 年 7 月 19 日 16:45:31
现在是 2023 年 7 月 19 日 16:45:32
现在是 2023 年 7 月 19 日 16:45:33
现在是 2023 年 7 月 19 日 16:45:34
```

【实验思考】

1. 当年时间函数值中变化最快的是哪一项？

2. 怎样修改时钟程序，做一个闹钟呢？

3. 你能根据 time，time( ) 返回的秒值计算现在距离 1970 年 1 月 1 日 00:00:00 多少小时、多少天吗？

第三十二回 标准自定用函数，精彩套路比公平——筛选：极值与函数参数

第二天，比赛更精彩。

即将进行的是梅花桩剑法套路表演赛：桩下比算法，桩上演剑法。

梅花桩剑法套路表演规则是：共 10 分钟，首先移动 12 根随机编号的梅花桩，从低号到高号排列；然后在桩上演绎剑法；最后通过大屏幕测试算法，评委评估算法代码，按运行效率和难度系数打分。

（一）细细致致的公平计分

在计分时，为了公平将去掉一个最高分、一个最低分，再计算平均分。

为准备这个评比，派森恩早已和小迪细细致致用“自定义函数”设计出评分程序，这个程序需要**筛选出最高分、最低分，再求其他得分的平均值**。

```
#P-32-1  评委打分——筛选
def  pf(n,p):         # 评分函数 ,n 为选手编号 ,p 为评委数量
  zg=0                # 预设最高分
  zd=999              # 预设最低分
  s=0                 # 预设总分
  for i in range(1,p+1): # 所有评委打分
     x=-1
     while   x>10 or x<0 : # 容错
         x=float(input(f' 请输入 {n} 号选手的第 {i} 位评委分 (0.0-10.0):')  or  0)
     s=s+x            # 累加总分
     if x>zg:         # 记录最高分
        zg=x
     if x<zd:         # 记录最低分
        zd=x
  pj=round((s-zg-zd )/(p-2),2)  # 计算平均分并保留 2 位小数
  print(f' 去掉最高分 {zg} 分、最低分 {zd} 分，平均分为 {pj} 分 ')
  return pj                         # 返回平均分
```

```
 # 主程序
m=5                                      # 选手人数
pw=7                                     # 评委人数
fs=[]                                    # 记录分数
for i in range(1,m+1):                   # 给所有选手评分
  df=pf(i,pw)                            # 调用评分函数
  print(f'{i} 号选手最终得分: \n',df)
  fs.append(str(i)+' 号 ')              # 记录编号
  fs.append(df)                          # 记录成绩
print(' 所有选手成绩: ',fs)
```

【运行】

```
请输入 1 号选手的第 1 位评委分 (0.0-10.0):10
请输入 1 号选手的第 2 位评委分 (0.0-10.0):10
请输入 1 号选手的第 3 位评委分 (0.0-10.0):9
请输入 1 号选手的第 4 位评委分 (0.0-10.0):10
请输入 1 号选手的第 5 位评委分 (0.0-10.0):9
请输入 1 号选手的第 6 位评委分 (0.0-10.0):9
请输入 1 号选手的第 7 位评委分 (0.0-10.0):9
去掉最高分 10.0 分、最低分 9.0 分，平均分为 9.4 分
1 号选手最终得分:  9.4
```

```
请输入 5 号选手的第 1 位评委分 (0.0-10.0):9
请输入 5 号选手的第 2 位评委分 (0.0-10.0):8
请输入 5 号选手的第 3 位评委分 (0.0-10.0):7
请输入 5 号选手的第 4 位评委分 (0.0-10.0):8
请输入 5 号选手的第 5 位评委分 (0.0-10.0):7
请输入 5 号选手的第 6 位评委分 (0.0-10.0):9
请输入 5 号选手的第 7 位评委分 (0.0-10.0):9
去掉最高分 9.0 分、最低分 7.0 分，平均分为 8.2 分
5 号选手最终得分:  8.2

所有选手成绩 ['1号', 9.4, '2号', 8.8, '3号', 9.0, '4号', 9.0, '5号', 8.2]
```

派森恩对小迪的设计基本满意，说道：“代码整齐，标注明晰，功能齐全。”

然后，派森恩详细、具体地进行作品点评。

第一，模块设计。

筛选、计算都封装在自定义函数 pj（n,p）之中作为功能模块；主程序用循环控制对 n 位选手的 pw 个评委打分进行筛选与计算。

第二，筛选计算。

输入的 x 总是要与最高分 zg 和最低分 zd 比较一下，哪个大、哪个小都记录下来，最后筛选出最高分、最低分。然后，用总分 s 减去最高分、最低分，再除以减去 2 人的评委数，计算出平均分。

第三，数据处理。

考虑到选手号、评委数、选手成绩的记录、存储，计算平均分还用 round( ) 保留 2 位小数，准确有效。

第四，交互设计。

无论是输入的数据、输出的数据，都注意运用 f'{x}' 格式化显示，直观、好懂。

另外，还有容错设计等好多优点。

韩青锋点点头，过了好久说出一个词：“然而——”

派森恩最喜欢听“然后”，最怕听“然而”。

（二）快速简洁的函数计算

派森恩看看韩青锋，问：“然而什么呢？”

然后，韩青锋又说：“这很符合派大侠认真、朴实的风格，好好珍藏这个程序，其中的求最高分、最低分、自定义函数、round 函数等好多知识点都是考试的法宝。”

“然而——”韩青锋又皱起眉。

派森恩使劲忽略“然而”，摆出求知若渴的样子。

“巧用函数更显派武馆的新风尚——”话音未落，韩青锋就已改成一个利用系统函数求解的极简程序，看上去非同凡响。

```
#P-32-2  评委打分——函数
import random
def pf(m,p):    #评分
    print()
    x=[random.randint(8,10) for i in range(p)]  #测试数据
    #删除下两行前面的#可输入真实数据
    #t=input(f'请输入{m}号选手的{p}位评委打分
(0.0-10.0),中间用,隔开:').split(',')
    #x=[float(x) for x in t ]  #全部转换成浮点数

    print(f'{m}号选手得分',x)
    print(f'去掉一个最高分:',max(x))
    print(f'去掉一个最低分:',min(x))

    pj=round( (sum(x)-max(x)-min(x))/(len(x)-2),2) #求平均分
    print(f'{m}选手最终得分是{pj}')
    return pj  #返回平均分
#主程序
'''
选手成绩fs存储模型:[[编号1,成绩1],[编号2,成绩2]……]
'''
fs=[]    #成绩列表
m=5      #选手数
p=7      #评委数
for i in range(1,m+1):                    #所有选手
    #二维列表追加选手成绩
    fs.append([str(i)+'号',pf(i,p)])
print(f'\n{m}位选手成绩列表:',fs)
```

【运行】

```
1号选手得分 [9, 10, 8, 10, 8, 9, 8]
去掉一个最高分: 10
去掉一个最低分: 8
1号选手最终得分是8.8
```

```
5号选手得分 [9, 10, 9, 10, 9, 8, 9]
去掉一个最高分： 10
去掉一个最低分： 8
5号选手最终得分是 9.2
……
5位选手成绩：[['1号', 8.8], ['2号', 8.6], ['3号', 9.0], ['4号', 9.4], ['5号', 9.2]]
```

小迪瞪大眼睛，想努力记住程序的样子。

小迪边看边念叨："派大侠，这些函数我也认得，**max( )、min( ) 是求最大值、最小值的函数；float( )、round( ) 分别是浮点数的转换、小数位保留函数。**"

派森恩却说："用 .split( ) 一下读进好多数据容易出错，这个可以再探讨。我们先用随机数据进行测试。"

"派大侠，你快看看这个代码 fs.append([str(i)+' 号 ',pf(i,p)])，韩大侠用二维列表记录选手成绩更直观。"小迪赶快记下来。

"锋，您这二维列表真厉害啊！为排名次打好基础，想得真周到。"派森恩对韩青锋第一次用一个"您"字来称呼。

小迪一听到排名次，正洗耳恭听呢，"然而"没了"然后"的下文。

这时，姬思木过来像鉴宝一样细细地看看两个程序，说："各有千秋，一个扎实，一个清晰，可相互借鉴。"

派森恩和韩青锋都面带笑容。

"不过——"姬思木似有话说。

"但说无妨！"派森恩和韩青锋不约而同地请教。

"原理角度，还是向派森师徒学习；效率方面，韩青稍胜一筹。我们先看比赛。"

派森恩就这样一下开心，一下失落，还有一下好奇。

他也习惯了姬思木的余音绕梁，于是把目光转向舞台。

剑法套路表演赛已经开始，看看这次冠军会花落谁家。

武功秘籍

话说，派森恩对韩青锋用函数求极值的技术特别佩服，便与小迪找了好多数学函数来研究，发现一个强大的 pow( ) 函数可以求“国王的棋盘麦粒”。之后，还挑选了一些常用函数记录在武功秘籍中。

用常用数学函数计算的数据实验

【实验背景】

在数据计算中，我们最常用的函数是数学函数，其中部分是系统内的标准函数，也有的要导入 math 等模块才能应用。

【实验原理】

以下是常用数学函数举例，更多函数可以在学习与使用中搜索相关说明。

abs(x) 返回数字的绝对值，如 abs(-10) 返回 10。

max(x1, x2,...) 返回给定参数的最大值，参数可以为列表。

min(x1, x2,...) 返回给定参数的最小值，参数可以为列表。

pow(x, y) 返回 x 的 y 次幂运算后的值。

math.sqrt(x) 返回数字 x 的平方根。

【实验程序】

国王的棋盘麦粒：在印度有一个古老的传说：舍罕王打算奖赏国际象棋的发明人——宰相西萨·班·达依尔。国王问他想要什么，他对国王说：“陛下，请您在这张棋盘的第 1 个小格里，赏给我 1 粒麦子，在第 2 个小格里给 2 粒，第 3 小格给 4 粒，以后每一小格都比前一小格加一倍。请您把这样摆满棋盘上所有的 64 格的麦粒，都赏给您的仆人吧！”国王觉得这要求太容易满足了，就命令给他这些麦粒。当人们把一袋一

袋的麦子搬来开始计数时，国王才发现：就是把全印度甚至全世界的麦粒拿来，也满足不了那位宰相的要求。那么，宰相要求得到的麦粒到底有多少？

```
#P-32-3  棋盘麦粒——数学函数
import math          # 导入 math 模块
s=0
k=int(input("前多少格? "))

for n in range(1,k+1):
  m=int(pow(2,n-1))# 调用pow() 方法,int 是不使用科学计数法
  s=s+m              # 累加求和
  print("第 %d 格 :%d 粒 , 当前总数 %d"%(n,m,s)) # 检测过程数据
a1=s*0.01            # 计算克
a2=a1/1000           # 计算千克
a3=a1/1000           # 计算吨
if a1<1000:
  print("总约重: ",a1,"克")
elif a2<1000:
  print("总约重: ",a2,"千克")
else:
  print("总约重: ",a3,"吨")
```

【实验样本】

```
前多少格? 64
第 1 格 :1 粒 , 当前总数 1
第 2 格 :2 粒 , 当前总数 3
第 3 格 :4 粒 , 当前总数 7
第 4 格 :8 粒 , 当前总数 15
第 5 格 :16 粒 , 当前总数 31
……
```

```
第 64 格:9223372036854775808 粒，当前总数 18446744073709551615
总约重：184467440737095.53 吨
```

【实验思考】

1. 根据小小的棋盘计算出来的麦粒为什么这么多？

2. 利用程序计算麦粒的过程中，哪行代码最能体现巨量的数据增长？

第三十三回 梅花桩上展真功，桶胜冒泡快又轻
——排序：桶排序与冒泡排序

精彩的剑法套路表演赛开始。

全场人声鼎沸。

派森恩那个勤学好问的小弟子小谷进入决赛，作为1号剑客上场。

（一）桶排序的真谛

大家远远看见擂台上矗立着12根带底座的梅花桩，每一根梅花桩被随机贴上编号。

只见身手敏捷的剑客小谷将小身板一跃，已然上台。唰唰唰，他先在擂台上用剑尖刻划出标记——1到12号的圆圈。紧接着，迅速移动梅花桩柱，按编号对应着圆圈号安放在圆圈里，梅花桩的排序就这样出其不意地完成了。

我们看到活泼可爱的剑客小谷又在梅花桩上演绎起剑法来，使出了整套“水桶剑法”——“桶排序”算法，就像一个在林中山涧挑水的小童子，做出活泼灵巧的姿态，行走自如，桶飞剑舞。

场下一片叫好。

跟着小谷轻松的节奏，派森恩的思绪回到筹备大赛的日子。就在前几天，毕业典礼筹备开始，校场里又热闹起来。

毕业典礼的大型武术表演是个集体项目，全体学员正在校场加紧练习。为使队形变化整整齐齐，派森恩按姬思木的“图论”，细致有序地指挥操练。

他预先在校场里画好方格，标记号码。弟子们每人手上戴个手环，编好程序，随时进行站位提醒：请x队员现在到x位置……，组成的大型图案在无人机拍摄下震撼无比。

小谷说：“姬大侠这‘号对号’的思路简单易行，我好好记下来，这思路说不定以后也能用上。”

“嘿嘿，真是个机灵鬼。”派森恩心中一喜，用手指刮一下小谷的鼻梁，顽皮地说，“好好练，说不定比赛拿个大奖给为师看看。”

小谷睁大了眼睛：“呵？派大侠的元神回来了，我以为你已经变成冷面杀

手了呢。”

“少贫嘴，我那几天是吃那变脸师弟带的野生蓝莓吃多了，身体抱恙，不想说话而已。”

“啊？我们只记得有套娃、有变脸，还有野生蓝莓？”小谷刚想问蓝莓还有没有，就让派森恩捂住了嘴巴。

“你试试用这‘站位’法进行‘桶排序’吧。”派森恩赶紧转移话题，“**桶排序的方法，是将无序数字记录到编号相同的‘桶’（变量）里，最后按照顺序将不为空的桶编号逐一输出形成有序序列，即实现排序。**”派森恩的话痨元神的确已归位。

小谷平时特别能吃苦，去河里担水总是跑在前头，一根扁担挑着两只桶颤颤悠悠，步履矫健。所以，对应编号统计数字，当然上手很快。

擂台上的小谷一边演绎排序，一边欢快地唱起《三个和尚》的歌谣，快乐无比。

一个和尚挑呀挑水喝
两个和尚抬呀抬水喝
三个和尚没呀没水喝呀
你说这是为什么呀为什么

派森恩用力拉回自己的思绪，也随着小谷的歌声摇头晃脑地哼唱起来。

一个师傅教代码呀
一个师傅教算法
一个师傅教思维呀
你挑我担有水喝
你说这是为什么呀为什么

全场观众都沉浸在欢乐的气氛里。

“派大侠！您快看小谷的测试程序。”小迪突然叫喊起来。

小迪上看下看地仔细研究着桶排序程序和结果。

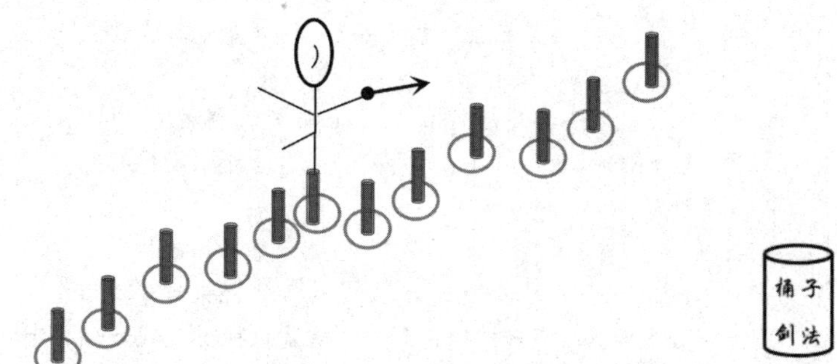

小谷就像一个在林中山涧挑水的小童子，做出活泼灵巧的姿态，行走自如，桶飞剑舞。

```
#P-33-1 桶排序——数字统计
import random
def tpx(x,m,n):
    t=[0 for i in range(0,n+1)]    # 空桶：桶初始化桶 t,t[0] 到
t[n] 均为 0
    tp=[]      # 结果存储列表：排序结果记录列表
    print(f'\n 排序前的 {len(x)} 个原始数据：',x)  # 显示原数据
    # 统计：对应桶号
    for i in x:      # 遍历原数据
       t[i]=t[i]+1  # 在 i 号桶统计 x 值的数量
    # 桶中数据：只显示需要的 m 到 n 编号有效桶中数据
    print(f'{m}-{n} 编号 {n-m+1} 个桶中计数：',t[m:n+1])

    # 排序结果：从 t[m] 开始到 t[n]，显示 t[i] 次不为 0 的桶编号
    for i in range(m,n+1):      # 遍历 m 到 n 号桶
       while t[i]>0:            # 如果桶中有数
             tp.append(i)       # 转存当前数
             t[i]=t[i]-1        # 桶中的计数 -1

    print(f' 排序后的 {len(tp)} 个数据顺序：',tp)
    return  tp                  # 返回排序结果
# 主程序
m=1                             # 开始编号
n=12                            # 结束编号
# 不重复数据：随机排列 m 到 n 不重复的整数，range() 开区间所以 n+1
x=random.sample(range(m,n+1),n-m+1)

tpx(x,m,n)                      # 调用桶排序

# 可重复数据：删除下面的两行注释符号 ''' 测试
'''
m=0                             # 开始编号
n=12                            # 结束编号
# 随机产生 m 到 n 内共 n-m+1 个可重复的整数
x=[random.randint(m,n) for i in range(n-m+1)]
tpx(x,m,n)
'''
```

```
# 输入真实数据：删除下面两行 ''' 即可使用
'''
x=input('请输入多个数据，中间用空格隔开：').split()
x=[int(i) for i in x ]          # 所有数转换为整数
m=min(x)                        # 最小桶编号
n=max(x)                        # 最大桶编号
tpx(x,m,n)
'''
```

【运行】

```
排序前的 12 个原始数据： [4,11,6,8,1,7,3,5,2,9,12,10]
1-12 编号的桶中计数： [1,1,1,1,1,1,1,1,1,1,1,1]
排序后的 12 个数据顺序： [1,2,3,4,5,6,7,8,9,10,11,12]
```

“派大侠，师弟用桶统计与它编号相同的数，真是妙计。在 tpx(x,m,n) 中，用三个变量表示对 x 中的 m 到 n 之间的数去对应 m 到 n 号桶累计，**桶里多少个 1 就有多少个桶编号这样的数**，真妙啊！”小迪连说带比画。

“不过，我发现一个问题，桶里不该都是 1 吧？”小迪爱钻牛角尖。

“你说得对，这是因为 random.sample(range(m,n+1),n-m+1) 随机排列数是不重复的。你注意小谷最后虚晃一招，又用 x=[random.randint(m,n) for i in range(n-m+1)] 产生可以重复的数据。评委也会去掉前后的三个引号进行验证的。”

```
# 删除两行注释符号 ''' 后
m=0   # 开始编号
n=12  # 结束编号
# 随机产生 m 到 n 内共 n-m+1 个可重复的整数
x=[random.randint(m,n) for i in range(n-m+1)]
tpx(x,m,n)
```

果然，后面测试结果更奇妙，好多桶里出现 0，好多桶里还大于 1。

【运行】

```
排序前的 13 个原始数据： [8,9,10,4,11,12,11,12,5,11,4,7,3]
0-12 编号 13 个桶中计数： [0,0,0,1,2,1,0,1,1,1,1,3,2]
排序后的 13 个数据顺序： [3,4,4,5,7,8,9,10,11,11,11,12,12]
```

派森恩拍拍小迪的肩膀：“统计相同的数有多少，这是桶排序的真谛。”

“我可爱的小师弟好聪明、好厉害啊。把桶排序用得这么好。”小迪在台下高兴地欢呼。

这时候，广播响了：“1 号剑客小谷，去掉一个最高分 10 分，去掉一个最低分 9 分，最终平均得分 9.4 分。”

场下又一片欢呼。

（二）冒泡的小鱼儿

韩青锋笑笑：“派大侠这弟子，人小鬼大。虽然难度系数低点，但表演得非常精彩。接下来就看我弟子小鱼儿的了。”

小鱼儿已经上场，身形似鱼，步伐如水，复杂多变。只见他像在拨弄算筹一样，**嚓嚓——把最前面梅花桩跟后面的比较，前面号大的就交换位置；嚓嚓——把后面的桩与再后面的比较；嚓嚓嚓嚓——继续比较，要么不动，要么交换位置，直到最后的桩编号变成最大。**

接着，小鱼儿又折身回到最前面，继续嚓嚓嚓嚓——比较编号，不动或交换，直到倒数第二根编号次大。他像游鱼一样来来回回，不停地从第一根桩开始比较，每趟比较的次数却越来越少……

小迪问派森恩：“派大侠，他嚓嚓地忙活啥？”

派森恩嘿嘿一笑：“小鱼儿嘛，当然是吐泡泡啰。”

“是传说中的‘冒泡’剑法——冒泡排序吧！”小迪这个击剑冠军肚子里的存货也不少，“真像吐泡泡的小鱼儿，越后面的泡变得越大。”

派森恩微笑着点点头。

这时，小鱼儿已完成梅花桩的排列，又站上桩演绎剑法。只见那小鱼儿在桩上也是剑影如花，只是那剑花却越来越小，在明晃晃的阳光照耀下像飘起一串泡泡。

小迪佩服地说：“他用这冒泡剑法排序，套路比小谷漂亮。虽然烦琐点儿，但很有神韵。”

派森恩摸摸小迪的头：“我这弟子悟性就是高，心态格局也像为师。”

这时韩青锋却说“也不尽然，小鱼儿的效率堪忧，等会儿瞧瞧模拟结果吧。”

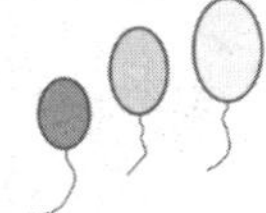

只见那小鱼儿在桩上也是剑影如花，只是那剑花却越来越小，在明晃晃的阳光照耀下像飘起一串泡泡。

话音刚落，时间到。台上的小鱼儿还有点儿意犹未尽，有点儿超时。

场下响起一片欢呼叫好，前排的啦啦队还吹起来好多肥皂泡泡，一串串飞舞着，越飞越高，越飞越大。

派森恩赞许地点点头："名师出高徒，小鱼儿的难度系数得分要超过小谷。"

小迪急切地问："韩大侠，小鱼儿这么厉害，应该是冠军吧？"

"不尽然。"韩青锋有点儿担心的样子。

现场一片寂静，大家急切地想知道分数，都屏住呼吸，眼盯屏幕，侧耳听着广播。

```
#P-33-2  冒泡排序——数据比较
import random
n=12                                    #比较多少个数
#测试数据：随机排列 1 到 n 的数，形成列表
s=random.sample(range(1,n+1),n )

#测试数据：随机产生 n 个 0 到 n 之间的浮点数列表，删除下行 # 可测
#s=[round(random.uniform(0,n),1)  for i in range(n)]

print('排序前的数据：',s)
zcs=0 #计数比较次数

for k in range(n-1):                    #数据比较趟数 n-1
    print(f'第{k+1}趟比较：') #因 k 从 0 开始，显示第几次要 +1
    #每趟从 0 位置比到上一趟结束处，比较出最大数
    for i in range(0,len(s)-k-1):
        if s[i]>s[i+1]:       #判断相邻两数值的大小，如果前面的大
            s[i],s[i+1]=s[i+1],s[i] #交换相邻两个数
        zcs=zcs+1                       #计数器，计数比较的总次数
        print(f"第{zcs}次比较后的数据：",s)    #显示排序过程
```

"这程序还真有点儿复杂。"小迪看得眼花，低声暗自慨叹。

“规律还是非常明显的，**大就交换位置，小就不动**。”派森恩肯定地说。大屏幕上的测试数据姗姗来迟。

【运行】

```
排序前的数据： [11,10,4,3,7,9,8,6,12,1,2,5]
第 1 趟比较 :
第 1 次比较后的数据： [10,11,4,3,7,9,8,6,12,1,2,5]
第 2 次比较后的数据： [10,4,11,3,7,9,8,6,12,1,2,5]
第 3 次比较后的数据： [10,4,3,11,7,9,8,6,12,1,2,5]
第 4 次比较后的数据： [10,4,3,7,11,9,8,6,12,1,2,5]
第 5 次比较后的数据： [10,4,3,7,9,11,8,6,12,1,2,5]
第 6 次比较后的数据： [10,4,3,7,9,8,11,6,12,1,2,5]
第 7 次比较后的数据： [10,4,3,7,9,8,6,11,12,1,2,5]
第 8 次比较后的数据： [10,4,3,7,9,8,6,11,12,1,2,5]
第 9 次比较后的数据： [10,4,3,7,9,8,6,11,1,12,2,5]
第 10 次比较后的数据： [10,4,3,7,9,8,6,11,1,2,12,5]
第 11 次比较后的数据： [10,4,3,7,9,8,6,11,1,2,5,12]
第 2 趟比较 :
第 12 次比较后的数据： [4,10,3,7,9,8,6,11,1,2,5,12]
第 13 次比较后的数据： [4,3,10,7,9,8,6,11,1,2,5,12]
第 14 次比较后的数据： [4,3,7,10,9,8,6,11,1,2,5,12]
第 15 次比较后的数据： [4,3,7,9,10,8,6,11,1,2,5,12]
第 16 次比较后的数据： [4,3,7,9,8,10,6,11,1,2,5,12]
第 17 次比较后的数据： [4,3,7,9,8,6,10,11,1,2,5,12]
第 18 次比较后的数据： [4,3,7,9,8,6,10,11,1,2,5,12]
第 19 次比较后的数据： [4,3,7,9,8,6,10,1,11,2,5,12]
第 20 次比较后的数据： [4,3,7,9,8,6,10,1,2,11,5,12]
第 21 次比较后的数据： [4,3,7,9,8,6,10,1,2,5,11,12]
……
第 9 趟比较 :
第 61 次比较后的数据： [1,3,2,4,5,6,7,8,9,10,11,12]
第 62 次比较后的数据： [1,2,3,4,5,6,7,8,9,10,11,12]
第 63 次比较后的数据： [1,2,3,4,5,6,7,8,9,10,11,12]
```

```
第 10 趟比较：
第 64 次比较后的数据：  [1,2,3,4,5,6,7,8,9,10,11,12]
第 65 次比较后的数据：  [1,2,3,4,5,6,7,8,9,10,11,12]
第 11 趟比较：
第 66 次比较后的数据：  [1,2,3,4,5,6,7,8,9,10,11,12]
```

“派大侠！我发现小鱼儿有个大问题，到 63 次比较后就已经排好桩，他怎么仍然继续空比好几次？”小迪突然惊讶地大叫。

“有这个情况他必须也得继续比较，因为没比完并不知道是不是空比。比如用从大到小的数 s=[12,11,10,9,8,7,6,5,4,3,2,1] 去测试一下看看？”派森恩提出了一个测试方案。

小迪又在嘀咕着说：“派大侠！我发现小鱼儿也有虚晃一招 #s=[round(random.uniform(0,n),1) for i in range(n)]，可以随机产生 n 个浮点数，冒泡排序还可以给浮点数排序，比小谷的桶排序更好吧？”

“这点很高明，你还可以参考桶排序里面输入真实数据来测试任意一组数据排序的，嘘——”派森恩指指大屏幕。

终于，大屏幕上显示出小鱼儿的最后得分 9.1 分，因超时被扣分，所以落后小谷 0.3 分。

派森恩和小迪都惊愕地看着韩青锋。

韩青锋却淡淡地说：“我认为成绩合理，幸亏有浮点数排序胜桶排序一筹加了分，不然就会低于 9 分。小鱼儿功力较深，但效率明显比小谷差很多。”

派森恩嘿嘿一笑，心里还有一点儿暗喜，仿佛自己的弟子小谷又向冠军迈近一步。

武功秘籍

话说，小谷的桶子剑法惊艳全场，小鱼儿的冒泡剑法华丽演绎，让大家难以区分高低上下。韩青锋点出冒泡剑法的效率稍差，这让派森恩对韩青锋的公正之心肃然起敬。之后，他认真地与小迪、小谷用运行时间统计来比较两套剑法的效率高低，并郑重地把实验写在武功秘籍中。

用运行时间测试算法效率的数据实验

【实验背景】

不同的算法效率也不一样，一般用时间复杂度 O(x) 来计算，因初学者不易理解，也可以使用系统运行的时间差来进行比较。

【实验原理】

导入时间模块 time 后，就可以使用 time.time( ) 获得当前时间，在排序前测量一次时间记作 t1，在排序结果显示后再测一次时间记作 t2，则 **t2-t1 即是排序所用时间。**

【实验程序】

```
#P-33-3 桶排序——运行时间
import random
import time
def tpx(x,m,n):
    #初始化桶列表
    t=[0 for i in range(0,n+1)]
    tp=[]                    #排序结果记录列表
    #print(f'\n 排序前的 {len(x)} 个原始数据：',x)
    #用桶统计
    for i in x:              #遍历原数据
        t[i]=t[i]+1          #在 i 号桶累计 x 中当前值即 i 的个数

    #print(f'{m}-{n} 编号 {n-m+1} 个桶中计数：',t[m:n+1])    只显示 m 到 n 编号的桶中数据
```

```
    # 显示数据：从 t[m] 开始到 t[n]，显示 t[i] 次不为 0 的桶编号
    for i in range(m,n+1):                    # 遍历 m 到 n 号桶
        while t[i]>0:                         # 如果桶中有数
            tp.append(i)                      # 转存当前数
            t[i]=t[i]-1                       # 桶中的计数 -1
    print(f'排序后的{len(tp)}个数据顺序：',tp)
    print()
    return  tp                                # 返回排序结果

# 主程序
m=1                                           # 开始编号
n=50                                          # 结束编号
# 随机产生 m 到 n 内共 n-m+1 个可重复的整数
x=[random.randint(m,n)  for  i  in
range(n-m+1)]
t1=time.time()# 当前时间，记为开始时间
tpx(x,m,n)
t2=time.time()# 当前时间，记为结束时间
t=t2-t1   # 所用时间
print()
print(f'{n-m+1}个数据桶排序用时 %0.6f 秒 '%t)
```

【实验样本】

```
排序后的 50 个数据顺序： [1, 1, 2, 3, 6, 7, 7, 10, 13, 13, 13,
13, 14, 14, 15, 15, 15, 15, 16, 16, 16, 16, 17, 17, 18, 18,
18, 18, 20, 20, 22, 23, 23, 25, 25, 25, 32, 37, 38, 41, 41,
42, 42, 42, 42, 43, 45, 47, 49, 50]

50 个数据桶排序用时 0.221851 秒
```

【实验思考】

1. 为测量程序运行时间，开始与结束时间要分别在哪里测量？

2. 在冒泡排序中，相同数量的数据排序使用的时间是多少？它与桶排序比较哪个排序更快。

第九章 一剑封喉逊插队，心向北斗未来星

派武馆毕业比武大赛进程已过大半。

弟子们各显其能，赛事精彩纷呈。

击剑擂台赛上，小迪在加时赛一剑取胜，获得击剑冠军，全场沸腾。

剑法套路赛中，小谷用桶排序又快又准，小鱼儿的冒泡排序周全靓丽。

实践出真知，选手们在比赛中获益良多。

强中更有强中手，弟子们在观摩中见识暴增。

派森恩说：“剑术重积累，学以致用，知识就是力量。”

韩青锋说：“剑法多探索，心有多大，舞台就有多大。”

姬思木说：“剑道须践行，知行合一，理论联系实际。”

所有人最期待的，还是剑法套路比赛的冠军花落谁家。

第三十四回 一剑封喉恐败北，招中有招更完美——按项排序：排序格式与匿名函数

第三天，剑法套路表演比赛继续进行，好多弟子都有机会上台一展风采。

“派大侠，刚才韩大侠的那个动作机敏的徒弟小特上台就用一剑封喉之招，迅速完成了表演，可是为什么才得8.9分？”小迪非常疑惑。

小特用 sort( ) 排序梅花桩的确是一剑封喉。可算法演绎不多，没有充分发挥一剑封喉剑法的精彩套路。对了，参考韩大侠改的评委打分程序现在用着不错。你准备都用什么算法来排名次？马上要用了。”派森恩说起小特的 sort( ) 排序，突然记起了小迪的任务。

（一）排序方式招中招

小迪想想，跟派森恩分析：“选手的分数有小数，小谷的桶排序虽然快但不能为浮点数排序。小鱼儿的冒泡排序太烦琐、太慢。要不咱也用函数 sort( ) 来一剑封喉？”小迪试探着问派大侠。

派森恩非常赞同：“哈哈，这得分不高的排序却最受欢迎。”

小迪嘿嘿一笑，说：“用函数计算快、准，咱借鉴一下韩大侠的二维列表存储选手成绩如何？”

“对，成绩若用咱的一维列表 ['1',9.3,'2',9.1,'3',8.9] 不好排序，用韩大侠 [['1',9.3],['2',9.1],['3',8.9]] 这样的二维列表更容易。”派森恩用胳膊肘碰碰小迪，挤挤眼：“要不，我们再请教请教韩大侠？”

还没来得及开口向韩青锋请教，韩青锋就热情地对小迪讲起来：“小特功力尚浅，没有精彩演绎一剑封喉剑法的招中招。sort( ) 不仅有 sorted( ) 变招，还有高低、低高不同顺序排序的招中招。”

```
#P-34-1  排序函数——序列改变
x=[5,4,5,3,2,8,7]
print('排序前x:',x)
w=x.sort()
print('现在的w:',w)  #x.sort() 方法改变列
                      表顺序，不返回值
print('现在的x:',x)   #x.sort() 方法改变x
                      的顺序，默认从低到高排序
```

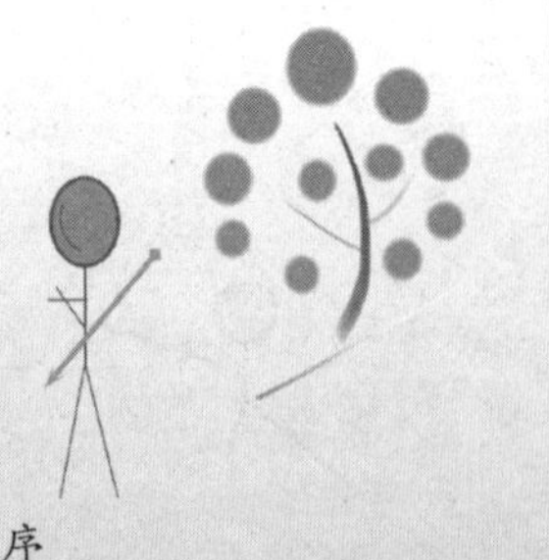

小迪实验了一下，看到运行结果若有所悟："x.sort( ) 不能返回值，所以测出值来是 None，它直接**把列表的值重新排序**，原来的序列已经没有了。"

```
【运行】
排序前 x: [5,4,5,3,2,8,7]
现在的 w: None
现在的 x: [2,3,4,5,5,7,8]
```

"再看 sorted( )。"韩青锋由它变换出新招来。

```
#P-34-2  排序函数——序列复制
z=[5,4,5,3,2,8,7]
print('排序前 z:',z)
m=sorted(z)

print('现在的 z:',z)
print('现在的 m:',m)
```

小迪继续实验，恍然大悟：**"sorted(z) 函数并没覆盖原列表，而是产生排序后的新表。"**

```
【运行】
排序前 z: [5, 4, 5, 3, 2, 8, 7]
现在的 z: [5, 4, 5, 3, 2, 8, 7]
现在的 m: [2, 3, 4, 5, 5, 7, 8]
```

韩青锋赞许道："派大侠，你这弟子可了不得，非常善于思考。"

派森恩夸张地点点头："那——当然，也不看看小迪是谁带的。"

三人相视，会心地呵呵一笑。

韩青锋笑道："不过，谦虚才会进步更快。不但要知道变招，还要知道招中招——"

话音未落，韩青锋剑已出手，这"一剑封喉"剑法真的是招招相连、招中有招。

```
#P-34-3  招中招——排序方式
x=[5,4,5,3,2,8,7]
print('原始数据：',x)
x.sort(reverse=True)
print('sort(reverse=True)从高到低排序：',x)
x.sort(reverse=False)
print('sort(reverse=False)从低到高排序：',x)
x.sort()
print('sort()从低到高排序：',x)

x=[5,4,5,3,2,8,7]
y1=sorted(x,reverse=True)
y2=sorted(x,reverse=False)
y3=sorted(x)
print()
print('原始数据：',x)
print('sorted(x,reverse=True)从高到低排序：',y1)
print('sorted(x,reverse=False)从低到高排序：',y2)
print('sorted(x)从低到高排序：',y3)
```

【运行】

```
原始数据： [5,4,5,3,2,8,7]
sort(reverse=True)从高到低排序： [8,7,5,5,4,3,2]
sort(reverse=False)从低到高排序： [2,3,4,5,5,7,8]
sort()从低到高排序： [2,3,4,5,5,7,8]

原始数据： [5,4,5,3,2,8,7]
sorted(x,reverse=True)从高到低排序：[8,7,
5,5,4,3,2]
sorted(x,reverse=False)从低到高排序：[2,3,
4,5,5,7,8]
sorted(x)从低到高排序： [2,3,4,5,5,7,8]
```

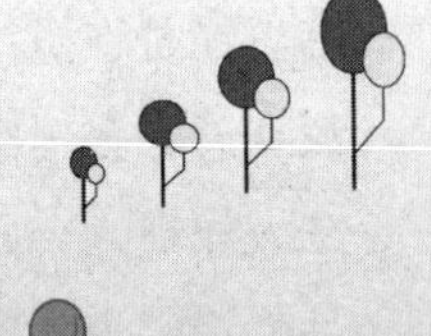

派森恩故作惊讶地说：“哇，这排序还可以（高、低）两个方向。我记得猴子学我们盘龙阵法时，小谷也用小旗指挥过吧？”

小迪慨叹道：“如果小特能用 **reverse=True 招中招**，估计会多加分。”

“是啊，”派森恩略一沉吟，“用 sorted(x) 数据更安全。”

（二）按项排序子母招

韩青锋略一点头，神秘一笑：“不仅招中有招，招中还有子母招。”

“愿闻其详。”派森恩惊闻招中还有子母招，好奇指数又要暴表。

于是，韩青锋使出**“子母招”，在招中按不同的关键字排序**，既可以按成绩排，也可以按编号排……

派森恩赶忙凑过头去看，指着排序说道：“这个真奇妙，这就是韩大侠的一剑封喉剑法的子母招？”

```
#P-34-4 子母招——关键字排序
fs=[['1号','小谷',9.4],['2号','小鱼儿',9.1],['3号','小丰',
7.5],['4号','小特',8.9],['5号','小江',9.0],['6号','小山',7.8],
['7号','小布',8.3]]
print('原始成绩',fs)

px=sorted(fs,key=(lambda  x:x[2]),
reverse=True)        #以子列表中的成绩项作为关键字排序

print('\n成绩排序:')
for i in px:                              #遍历所有人的子列表
    [print(x,end=' ') for  x in i ]#显示一个人的所有数据
    print()

px2=sorted(fs,key=(lambda  x:x[0]),reverse=False) #以子列表
中的编号项作为关键字排序

print('\n按编号排序: ')
for i in px2:                             #遍历所有人的子列表
    [print(x,end=' ') for  x in i ]#显示一个人的所有数据
    print()
```

韩青锋微微一笑：“px=sorted(fs,key=(lambda x:x[2]),reverse= True) 中，key=(lambda x:x[2]) 就是子母招，fs 是原数据之‘母’，(lambda x:x[2]) 是关键字之‘子’。”

派森恩点点头："这子母招厉害，理解起来有点儿难度，对比一下序号排序要用 x：x[0]，就明白关键字是什么了。"

小迪一次次都睁大眼睛仔细看。从他运行实验来看，这个子母招，可以让二维列表中的每一个子列表按序号或成绩高低排序。

【运行】

```
原始成绩 [['1号','小谷',9.4],['2号','小鱼儿',9.1],['3号','小丰',7.5],['4号','小特',8.9],['5号','小江',9.0],['6号','小山',7.8],['7号','小布',8.3]]
按成绩排序结果：
1号 小谷 9.4
2号 小鱼儿 9.1
5号 小江 9.0
4号 小特 8.9
7号 小布 8.3
6号 小山 7.8
3号 小丰 7.5
按编号排序结果：
1号 小谷 9.4
2号 小鱼儿 9.1
3号 小丰 7.5
4号 小特 8.9
5号 小江 9.0
6号 小山 7.8
7号 小布 8.3
```

"可——lambda x:x[2] 到底是什么意思呢？"小迪有点儿锲而不舍。

韩青锋呵呵一笑："有些招数也不一定都要学会，有困难的时候上网搜索，会用就好。"

对！授人以鱼，不如授人以渔。"派森恩一边说，一边立马去网上搜索 lambda，果然找到 lambda 是个匿名函数的内容，立马进行数据测试。

韩青锋略一点头，神秘一笑：“不仅招中有招，招中还有子母招。”

#P-34-5 lambda 匿名函数数据测试

程序	测试结果	说明
y=lambda x:x*100 i=7 print(y(i))	700	形式参数：x y(i)：i*100
y=lambda a,b:a+b a=7 b=5 print(y(a,b))	12	形式参数：a,b y(a,b)：a+b
s=(lambda a,b:a+b)(100,50) print(s)	150	把 100，50 对应传入 a，b，再相加
m=map(lambda x:x**2,range(10)) print(list(m))	[0, 1, 4, 9, 16, 25, 36, 49, 64, 81]	map 是调用函数模式，计算 10 以内整数的平方
格式 1：lambda 形式参数 : 函数表达式 格式 2：（lambda 形式参数 : 函数表达式)[(传入参数)] 功能：[把传入参数的值传给形式参数，] 形式参数按函数表达式计算，反回值为计算结果		

小迪赞叹：“韩大侠好厉害，我赶紧补充您的评分程序。快让评委会排名用上。”

```
#P-34-6 评委打分——排名次
import random
def pf(xs,p):    # 第 xs 号选手的 p 位评委的打分
    # 测试数据：p 个评委打分
    x=[random.randint(8,10) for i in range(p)]
    print()
    # 输入数据：删除下一行          # 可输入真实数据
    # x=[float(input(f'请输入 {xs} 号选手第 {i+1} 个分数：')) for i
in range(p)]

    print(f'{xs} 号选手得分：',x)
    print(f'去掉一个最高分：',max(x))
    print(f'去掉一个最低分：',min(x))
    pj=round( (sum(x)-max(x)-min(x))/(len
(x) -2),2)                          # 求平均分
    print(f'{xs} 号选手最终得分：{pj}')
    return pj  #返回平均分
```

```
def pm(fs):     # fs 列表中的全部选手排名次
    fs2=sorted(fs,key=(lambda x:x[3]),reverse=True)
                # 按成绩关键字从高到低排序
    mc=1
    for i in range(len(fs2)):                # 遍历所有选手
      if i>0 and fs2[i][3]!=fs2[i-1][3]: # 如果成绩与前面不同
                                           名次 +1
          mc=mc+1
      fs2[i][0]=mc                         # 在每一个人子列表的
                                           0 位置写入名次
    return fs2
# 主程序
'''
成绩列表 fs 的数据结构：[[ 名次 1, 编号 1, 姓名 1, 成绩 1],……]
'''

fs=[]                              # 初始化选手成绩存储列表
xm=['','小谷','小鱼儿','小丰','小特','小江','小山','小布']
                                   # 姓名库 ,0 位置空闲
m=5                                # 选手数
p=7                                # 评委数
for i in range(1,m+1):       # 所有选手评分
    # 二维列表记录所有选手的成绩 , 格式：名次 , 编号 , 姓名 , 成绩
    fs.append([' ',str(i)+' 号 ',xm[i],pf(i,p)])

print('\n 排名前数据：',fs)
fs2=pm(fs)  # 排名次
print('\n 排名后数据：',fs2)

print('\n 成绩排名：')
for i in range(len(fs2)):  # 所有选手
      print(f' 第 {fs2[i][0]} 名：{fs2[i][1]} 选手 ,{fs2[i][2]}
最后得分 {fs2[i][3]}')
```

小迪测试一下程序，惊呼：“排名效果真棒！”

【运行】

```
1号选手得分： [10, 8, 10, 8, 10, 9, 10]
去掉一个最高分： 10
去掉一个最低分： 8
1号选手最终得分：9.4

2号选手得分： [8,10,9,10,9,8,10]
去掉一个最高分： 10
去掉一个最低分： 8
2号选手最终得分：9.2

3号选手得分： [8,8,8,9,8,10,8]
去掉一个最高分： 10
去掉一个最低分： 8
3号选手最终得分：8.2

4号选手得分： [8,8,9,8,10,9,8]
去掉一个最高分： 10
去掉一个最低分： 8
4号选手最终得分：8.4

5号选手得分： [8,8,8,8,8,9,9]
去掉一个最高分： 9
去掉一个最低分： 8
5号选手最终得分：8.2

排名前数据： [['','1号','小谷',9.4],['','2号','小鱼儿',9.2],
['','3号','小丰',8.2],['','4号','小特',8.4],['','5号','小江',8.2]]

排名后数据： [[1,'1号','小谷',9.4],[2,'2号','小鱼儿',9.2],[3,'4
号','小特',8.4],[4,'3号','小丰',8.2],[4,'5号','小江',8.2]]

成绩排名：
第1名：1号选手，小谷最后得分： 9.4
第2名：2号选手，小鱼儿最后得分： 9.2
第3名：4号选手，小特最后得分： 8.4
第4名：3号选手，小丰最后得分： 8.2
第4名：5号选手，小江最后得分： 8.2
```

接下来，小迪先用 # 屏蔽随机生成数据一行代码，又把输入数据行前面“#”删除，解除屏蔽。请韩青锋审核好程序，赶紧送到组委会去作为最后统计成绩的软件。

这时候，舞台上突然又热闹起来。

“小吉加油！”

“小吉最牛！”

“小吉必胜！”

台下喊声此起彼伏。

武功秘籍

话说，台上比赛激烈，台下观众热情。在观看比赛的间隙，大家也举行着各式各样的全员比赛游戏，比如有的玩起“石头剪刀布”，小小游戏体现出了博弈的大策略。派森恩深受启发，做了一个“石头剪刀布”与计算机博弈，作为礼物赠送给弟子们，广受好评。对此，他也认真地记录在武功秘籍中。

“石头剪刀布”计算机小游戏的制作实验

【实验背景】

关于比赛，有一个著名的博弈理论。博弈论（Game Theory）也称对策论或竞赛论，是指研究多个个体或团队之间在特定条件制约下的对局中利用相关方的策略而实施对应策略的学科。

【实验原理】

1. 平时，我们玩的“石头剪刀布”游戏，是依据手势间的胜负对应规则判断输赢，在计算机中要判断可以用字典搭建取胜对应的数据模型。

2. 让计算机随机出手势，可以用随机取列表数据来完成。

【实验程序】

```
#P-34-7 石头剪刀布——计算机游戏
import random
def  y(c):  #游戏一次
     d={'石头':'剪刀','剪刀':'布','布':'石头'}
     #取胜对应字典
     m=['石头','剪刀','布']          #手势名称字典

     #人出的手势
     while 1:                       #容错
        rn=int(input('\n 1.石头 2.剪刀 3.布 0.结束游戏，请输入
数字 0-3: ') or 1)
        if rn in [1,2,3]: break     #确定选择，终止循环
        if rn==0:quit()             #结束游戏，退出程序
     rc=m[rn-1]                     #人出的手势

     #计算机出手势
     dc=random.sample(m,1)[0]       #随机取 m 中 1 个元素的子列表，
                                     并求出 [0] 位置的值

     #判断输赢
     print('人出的是：',rc,'计算机出的是：',dc)
     print()
     if d[rc]==dc:
        #如果人所出的取胜字典值==计算机出的，即人赢
        print('赢了！  你真棒！')
        c[0]=c[0]+1                 #人赢计数
     elif d[dc]==rc:                #如果计算机所出的取胜字典值
                                      ==人出的，人输
        print('输了！加油哦～')
        c[1]=c[1]+1                 #人输计数
     else:                          #其他情况，平
        print('平局！努力哦——')
        c[2]=c[2]+1                 #平局计数
     return c                       #返回计数
```

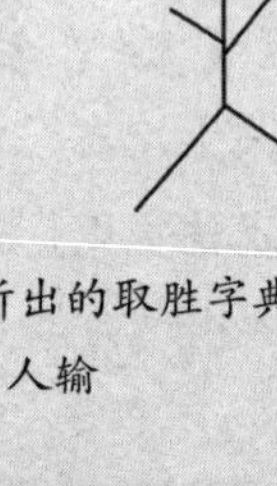

```
# 主程序
c=[0,0,0]                                # 记录赢、输、平的次数
print('--------------石头剪刀布计算机游戏-----------------')
while 1:
  t=y(c)     # 调用猜手势，传入记录c，返回输赢计数
  print('输赢计数：',t)
  print(f'\n你已经赢{t[0]}次，输{t[1]}次，平{t[2]}次')
  print('-------------------------------------------')
  c=t          # 把t继续当c传入函数
```

【实验样本】

```
---------石头剪刀布计算机游戏----------
1.石头 2.剪刀 3.布  0.结束游戏，请输入数字0-3：1
人出的是： 石头         计算机出的是： 剪刀
赢了！ 你真棒！
输赢计数：[1, 0, 0]

你已经赢1次，输0次，平0次
--------------------------------
 1.石头 2.剪刀 3.布  0.结束游戏，请输入数字0-3：1
人出的是： 石头         计算机出的是： 布

输了！加油哦～
输赢计数：[8, 10, 2]

你已经赢8次，输10次，平2次
--------------------------------
```

【实验思考】

1. 在游戏中，计算机如何出手势？
2. 在游戏中，你如何出手势？
3. 在游戏中，如何判断输赢？
4. 在游戏中，如何计胜负局数？
5. 你能猜出计算机可能出的手势吗？

第三十五回 插队鬼才巧夺冠，一把好牌勇封神——插入排序：高效通用的排序算法

第四天，比赛进入收官之战。

最后出场的是小吉，台下一片呐喊加油声。

“小吉很厉害吗？”小迪对这个同门师兄弟并不了解。

“讲起小吉，他真是个机灵鬼。”派森恩一脸的无奈。

“听说这小子有些偏执，是吗？”韩青锋疑惑地问。

插队有理

“据说，有一次打饭的时候小吉不但自己插队，还指挥别人插队，号称练习插队算法。”韩青锋记起一件事来。

派森恩冷眼旁观，双手抱胸，目不斜视，感慨地说：“他公然指挥别人插队，这是算法吗？我看是魔法。你想，个矮的往前插队，早到的高个子也得在最后面打饭。”

“哦，我听说过‘插队鬼才’，说的就是他啊？听说，第二次算法又改成个高的往前排，矮的到后面插队——”小迪想起了小吉的故事。

“哈哈——鬼才加聪明，功夫也得到了姬大侠的真传。”派森恩故意望望中间正襟危坐的姬思木。

姬思木轻摇折扇，并无反应，依旧专心观摩台上的小吉，小吉正在让一排梅花桩“插队”。

只见小吉先随意取一桩，然后跟第二桩编号比较，大靠右，小靠左；唰——唰——像插扑克牌一样，见大的就放右面，有小的就扒拉着从右往左找，很快就把它插好队。

“嘿！这小子打扑克牌啊？”派森恩指着已经站上梅花桩的小吉笑出声来。

“还真是呢！看他右手执剑，左手还拿一把牌——”小迪感觉这小吉真爱玩。

小吉瘦骨嶙峋，体形修长，真是活脱脱一个小型号的姬思木。不过，小吉比姬大侠更有劲儿，在桩上活蹦乱跳，一会儿左，一会儿右，一会儿前，一会儿后。小吉每站一桩，剑光一闪，一张编号纸卡就被挑上剑尖，顺势一送，

插进左手扇形“牌”中。神奇的是，这带编号的纸卡从左到右，都是按从小到大的顺序插到恰好的位置。

只见桩上剑舞如虹，纸飞如蝶，牌展如扇，煞是好看。

小迪惊讶地望着派森恩，派森恩惊讶地望望韩青锋，韩青锋诧异地望着姬思木。

姬思木正襟危坐，颔首微笑。

正当大家交头接耳、惊奇相望之时，小吉剑已收起，一个旋风转身飘然落地，鞠个躬走下台去。

小迪暗暗叫好：**“这插入排序算法程序真是清晰、快捷。”**

他看见大屏幕上的程序，果然如此。

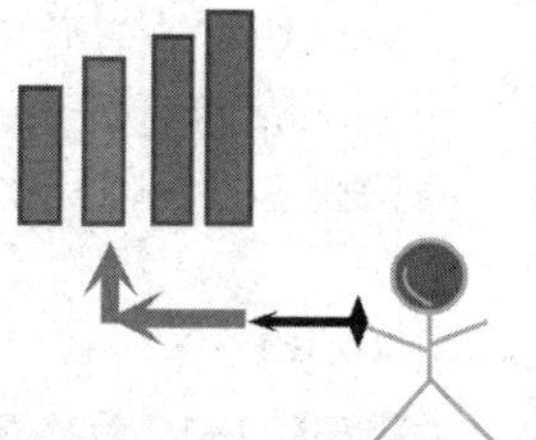

```
#P-35-1  插牌剑法——插入排序算法
import random
def chapx(w):          # 对列表 w 中数据插入排序
    px = []            # 存储排序结果的新列表
    px.append(w[0])    # px 中放入 w 中的第 1 个数
    print(f'放第 1 个数{w[0]}的列表:',px)

    for i in range(1,len(w)):  # 取 w 中 1 位置及以后的数
        j = i                  # 暂记 w 中新取数的位置
        if  w[i]>px[i-1]:      # 如果新取数 w[i] 大于 px 最右边位
                                 置 i-1 的数
            px.append(w[i])    # 放在 px 最右边
            print(f'放第{i+1}个数{w[i]}后的列表:',px)
        else:
            # 新数 w[i] 小时，在 px 中从右向左找比它小的数
            #j=1 时，j-1 到了最左边 0 位置
            while j >=1 and px[j-1]>w[i]: # 不到左边且 px 中
                                            找到的数大于新数
                                            w[i]
                        j =j-1          # 继续往左找数
            # 找到小的数或到左边后插入数 w[i]
            px.insert(j-1+1,w[i])    # 因 insert 执行左边插入，
                                       需 +1 右退一位再插入新数
```

```
            print(f'放第{i+1}个数{w[i]}后的列表：',px)
        return px
    #主程序
    m=1  #开始数
    n=12 #结束数
    w=random.sample(range(m,n+1),n )#测试数据：随机排列n个m到n
                                          的自然数序列，形成列表
    #w= [round(random.uniform(m,n+0.01) ,1) for i in range(n)]
#测试数据：随机n个m-n浮点数
    #w=[float(input(f'请输入第{x-m+1}个数据')) for x in range(m,n+1)]
#输入任意数

    print(f'排序前{m}-{n}的数据列表：{w} \n')
    p=chapx(w)
    print(f'\n排序后{m}-{n}的数据列表：{p}')
```

【运行】

```
排序前1-12的数据列表：[5,2,3,9,12,1,6,8,10,4,11,7]
放第1个数5后的列表：[5]
放第2个数2后的列表：[2,5]
放第3个数3后的列表：[2,3,5]
放第4个数9后的列表：[2,3,5,9]
放第5个数12后的列表：[2,3,5,9,12]
放第6个数1后的列表：[1,2,3,5,9,12]
放第7个数6后的列表：[1,2,3,5,6,9,12]
放第8个数8后的列表：[1,2,3,5,6,8,9,12]
放第9个数10后的列表：[1,2,3,5,6,8,9,10,12]
放第10个数4后的列表：[1,2,3,4,5,6,8,9,10,12]
放第11个数11后的列表：[1,2,3,4,5,6,8,9,10,11,12]
放第12个数7后的列表：[1,2,3,4,5,6,7,8,9,10,11,12]

排序后1-12的数据列表：[1,2,3,4,5,6,7,8,9,10,11,12]
```

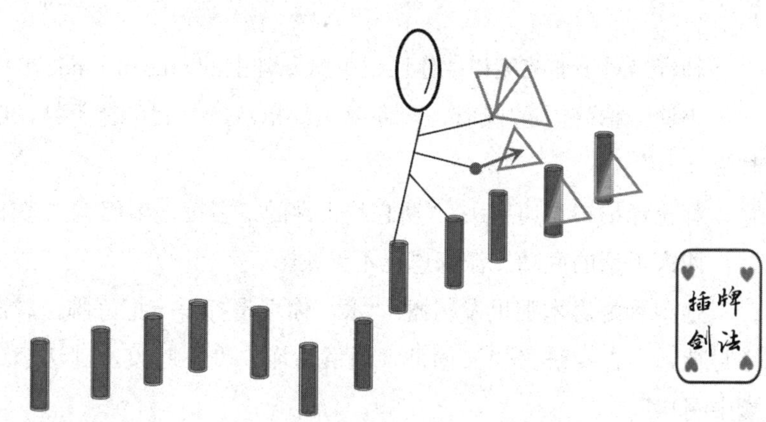

小吉每站一桩，剑光一闪，一张编号纸卡就被挑上剑尖，顺势一送，插进左手扇形“牌”中。神奇的是，这带编号的纸卡从左到右，都是按从小到大的顺序插到恰好的位置。

韩青锋看到插入排序不停称赞："还真是跟插扑克牌一样。第一张，先放在左手 px.append(w[0]) 。第二张，大就放后面 px.append(w[i])，小就往前找 j =j-1，找到比它小的或到了左边就插入右边。这右边退一位再插入，即 px.insert(j-1+1,w[i]) 。"

小迪上网搜索 list.insert(i,x) 是不是在指定的位置 i 左边插入 x。查到还不放心，一验证果然是。

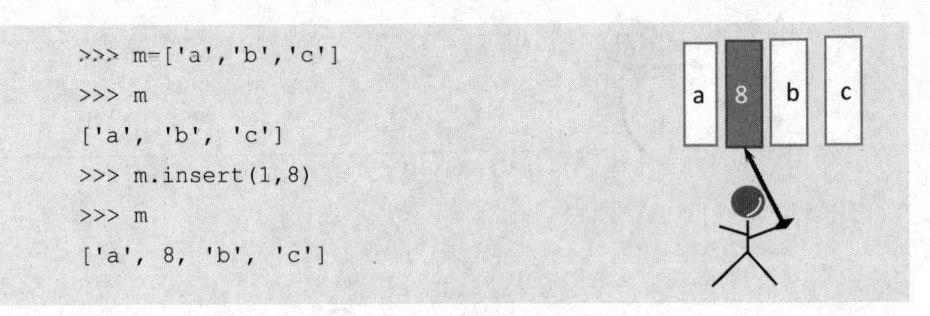

>>> m=['a','b','c']
>>> m
['a', 'b', 'c']
>>> m.insert(1,8)
>>> m
['a', 8, 'b', 'c']

8
b
c

韩青锋对小迪笑笑说："你还记得盘龙阵上的 t.insert(t.index(' 戊 '),'A') 吗？"

小迪一拍脑门："哎呀，多谢韩大侠指点，是我学艺不精，明明在盘龙阵时用过。"

韩青锋拍拍小迪肩头："遗忘是正常的，多读、多用就熟悉了。"

两人说话的武功，派森恩已不见人影。

他跑到姬思木那里发感慨："木，你真是打得一把好牌，教出来的弟子一举封神。小吉身法又快又简洁，通俗易懂，美不胜收，剑法套路冠军已收入囊中啊！"

姬思木微微一笑，看着大屏幕上刚刚打出的一大排 10 分，满意地轻轻点头。

校场上所有的人，包括姬思木、韩青锋、派森恩、小迪、小谷、小特、小鱼儿等，每一个人都跟着广播里同步喊"10 分"。

"去掉一个最高分 10 分。"

"去掉一个最低分 10 分。"

"10 号选手小吉最后得分——10 分。"

突然之间，掌声如雷，喊声震天，彩带飞舞。

树上已经挂满猴子，天上也盘旋着雄鹰。

舞台前，站着一位玉树临风的黑衣人，他身后有几名弟子，每人手里捧着一束美丽的鲜花。

武功秘籍

话说，由姬思木大师亲自教导的弟子小吉以“插入算法”技压群雄，荣登剑法套路表演赛冠军宝座，让大家对小吉刮目相看。赛后，大家纷纷围着小吉向他请教，小吉把大师传授的算法网站热心地推荐给大家学习。派森恩也赶忙把动态模拟算法过程这一条记录在武功秘籍中，留待日后体验。

动态模拟算法过程的网站应用实验

【实验背景】

排序的算法有很多，比如冒泡排序、插入排序、选择排序、快速排序、归并排序、希尔排序等，大家可以去一个有动态模拟算法的好网站学习，直观、生动的运算过程与算法原理会让人醍醐灌顶。

【实验过程】

1. 搜索访问可视化算法模拟网站（网站地址参见资源包）。

2. 选择相应的排序算法。

3. 执行左下角的“冒泡排序”，即可动画模拟演示其算法过程，并可与右边显示的算法伪代码对照。

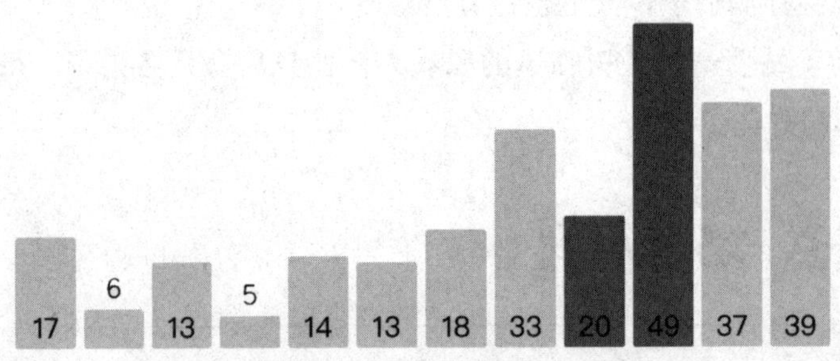

冒泡排序

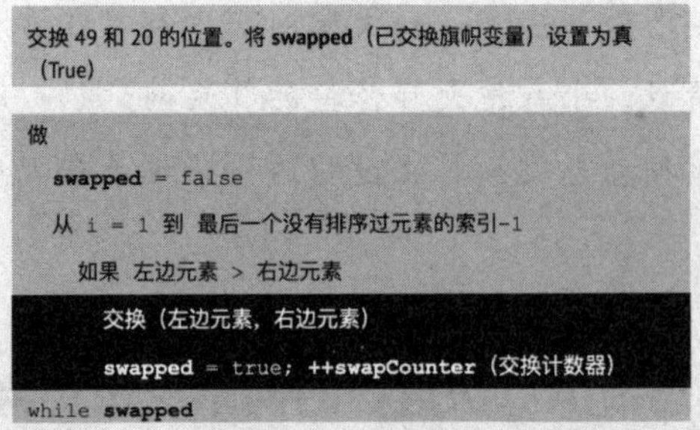

交换 49 和 20 的位置。将 **swapped**（已交换旗帜变量）设置为真（True）

```
做
  swapped = false
  从 i = 1 到 最后一个没有排序过元素的索引-1
    如果 左边元素 > 右边元素
      交换（左边元素，右边元素）
      swapped = true; ++swapCounter（交换计数器）
while swapped
```

【实验思考】

使用动画模拟算法过程并配合算法伪代码执行过程的优点是什么？

第三十六回 同心共创展北斗，剑术剑法剑道新——思维导图：程序、算法与计算思维

第五天，晴空万里。

派武馆击剑擂台赛、算法套路表演赛圆满落幕。

校场上彩旗招展，人声鼎沸。

大家也隐隐约约感觉到分别将至，不免都相互唏嘘，恋恋不舍。

在大家依依惜别之际，有心的小谷和小迪利用每天的空闲时间博览群书，学着制作了一份神秘纪念礼物回赠给派武馆。

派森恩打开一看："哇！原来是一个派森英雄榜程序。这俩小子，像魔法师一样变出来一件好作品，满满的程序技术感，真是剑术高超啊！"派森恩赶忙传送给每一位学员，让大家相互补充信息，合成一个数据文件，好让大家在未来的日子里可以经常联系，共同进步。

姬思木看了这个程序作品说："这个作品全面展现出计算思维的过程，有经典的剑道精神。"

韩青锋指着里面的功能说："这个作品包含多种算法设计，剑法高明。"

小谷和小迪得到了大家的认可，非常高兴地与众师兄弟交流算法，共享数据，派武馆的弟子们都跟着动起脑、动起手，又得到了一次项目式学习的好机会。

（一）同心共创"派森英雄榜"

把派森英雄榜程序作为毕业礼物赠送给同学、老师，的确是十分有意义的好创意。这个学习项目非常有利于大家合作，不仅体现出软件作品的设计要遵循的计算思维、用到的算法思想，还结合了软件工程的设计思维。

小迪说："一个完整的程序可以作为一个软件作品，它首先需要具备数据的输入、输出、处理、控制、存储等基本功能。然后，要具有查询、增加、删除、排序等具体的控制、应用功能。我们可以利用列表、字典等数据结构，借助文件读取与写入，多人合作进行模块化设计。"

小谷说："我们一起来交流这个作品。一是**界面设计**。为更好地输入、输出、查询数据，设计简单的菜单和友好的用户界面，这也是**设计思维**。二是**功能设计**。查询、新增、删除、浏览、退出等功能模块，处处**体现出分解思维、模式化设计**；每个功能中解决问题时的抽象特征、建立模型、形成模式以及设计算法与编写代码、调试运行等也都体现出计算思维。三是**存储设计**。利用字典暂存数据进行处理，再利用文件读、保存数据，**也体现出计算思维的迭代与泛化。**"

```
#P-36-1  派森英雄榜项目——程序作品创作
import os
import sys

def gu():    #界面设计：菜单
     print('-------------派武馆英雄榜----------------')
     print('1.查询 2.增改 3.删除 4.排序 5.浏览 0.退出')
     print('-------------------------------------------')

def se():    #选择功能
    gu()        #显示界面
    while 1 :#如果输入数字不在范围内重新输入
        x=input('请选择功能项：') or '5' #默认输入 '5'
        if x in '012345':break
    return int(x)                                #返回选择
def rd(fname):                                   #数据读取模块
     with open(fname,'r') as f:                  #打开fname文本
          m = f.readlines()                      #读取每行，形成列表
     tx={} #初始化派森英雄榜
     for i in range(len(m)):                     #遍历列表m
          x=m[i].index(':')                      #定位分隔符
          tx[m[i][0:x]]=eval(m[i][x+1:-2])
                      #创建字典：切片出姓名当键，后面列表当值
     f.close()       #关闭文件
     return tx       #返回字典
```

```
def br(tx):                       # 浏览模块
    for key in tx:                # 遍历派森英雄榜字典的所有键
        i=1                       # 数据名称位置
        print('-'*30)             # 显示分割线
        print(txxm[0],':',key)         # 显示数据名称、键
        for x in tx[key]:              # 遍历该键（姓名）的列表数据
            print(txxm[i],':',x)       # 显示数据名称、数据
            i+=1                       # 数据名称后移
        print('-'*30)                  # 显示分割线

def fd(tx):                            # 查询模块
    name = input("姓名:")              # 输入姓名
    if name in tx:                     # 如果已在 tx 字典中
        i=1                            # 第 1 项数据名称
        print('-'*30)
        print(txxm[0],':',name)        # 显示姓名
        for c in tx[name]:             # 遍历该人的数据列表
            print(txxm[i],':',c)       # 显示数据名称、数据
            i+=1                       # 数据名称后移
        print('-'*30)
    else:
        print("查无此人！ ")

def ad():          # 增改模块
    global tx      # 设置字典 tx 设为全局变量，修改有效
    name=''
    while len(name)==0:                # 确保输入姓名
        name = input("姓名:")
    if name in tx:                     # 如果已有人员可修改
        print("派森英雄榜中已存在",name)
        for i in tx[name]:print(i)     # 显示数据
        xg=input("是否需要修改(Y/N):")
        if xg in 'Yy':     # 如果输入 Y 或 y
```

```
                dl=len(tx[name])              # 已有数据个数
                for i in range(len(txxm)):  # 所有数据名称
                    if  i==0:                 # 姓名项按字典的键处理
                        c=txxm[i]+':'+name+' 改为（按 Enter 键不修
改）：' # 提示信息
                        data=input(c) or name # 输入姓名，默认原内容
                        if name!=data:         # 如果姓名有改动
                            temp=tx[name]     # 暂存数据
                            del tx[name]      # 删除数据
                            name=data         # 修改姓名
                            tx[name]=temp     # 以新姓名当键、把原来
                                                的数据当值保存在字典中
                    elif i<=dl: # 当前数据名称数据存在，修改即可
                        c=txxm[i]+':'+ tx[name][i-1] +' 改为（按
Enter 键不修改）：'
                        data=input(c) or tx[name][i-1]
                                  # 输入数据，默认原数据
                        tx[name][i-1]=data      # 替换数据
                    else:         # 增加缺少的项目
                        c=txxm[i]+' 新增 :'       # 提示信息
                        data=input(c)            # 输入数据
                        tx[name].append(data)    # 追加数据项即可
                print(" 修改成功！ ")

    else:    # 如果姓名不存在，增加新人员
            tx[name]=[]                       # 新增新键，值为空列表
            for i in range(1,len(txxm)): # 姓名除外，增加其他数据项
                c=txxm[i]+':'              # 数据名称提示
                data=input(c)              # 输入一项
                tx[name].append(data)      # 加入列表
            print(" 新增成功！ ")
def de():                                  # 删除模块
    global tx                              # 设置派森英雄榜字典 tx 设为全
                                             局变量，修改有效
```

```
        name = input(" 姓名 :")
        if name in tx:            # 如果有才能删
                del tx[name]      # 删除一条
                print(" 已删除！ ")
        else:
                print(" 无此人！ ")

    def wr(tx,fname):             # 数据存储模块
        x=input(' 确认要保存数据吗（y/n）？ ') or 'y'# 安全确认
        if x not in 'yY':return # 取消保存
        f=open(fname,'w')         # 打开文件
        for key in tx:            # 遍历派森英雄榜字典的所有键
           f.write(f'{key}:{tx[key]} \n')       # 写入文件
        f.close()

    def px():       # 数据排序模块
       global tx  # 设置派森英雄榜字典 tx 设为全局变量，修改有效
       xm='##'     # 预置名称
       while xm not in txxm:     # 排序项目
            xm=input(str(txxm)+' 请输入排序项目: ') or ' 姓名 '

       sx="9"
       while sx not in '01':     # 排序方式
         sx=input(' 排序方式 0 升序、1 降序，请输入 0 或 1: ') or  '1'

       i=txxm.index(xm)            # 排序项目所在的名称位置
       if i==0:                    # 姓名排序按字典的键排序
          t=sorted(tx.items(),  key=lambda  x:x[0],reverse=
int(sx))
       else:           # 数据排序按列表项排序，i-1 对应列表中项
          t=sorted(tx.items(),  key=lambda  x:x[1][i-1],reverse=
int(sx))

       tx=dict(t)    # 以字典方式转回 tx
```

```
        print('预览排序结果：')
        for key in tx:print(key,':',tx[key])

    # 主程序
    txxm=['姓名','编号','年龄','电话','微信号','邮箱','地址']
#数据名称
    # 数据结构：以字典存储数据，姓名为键，电话等为值
    # 初始数据
    tx={'姬思木':['1','19','17+8327788','paipython','12121
    21212@qq.com','派武馆'],
    '韩青锋':['3','16','16-9327766','hanqingfeng','123456789@
qq.com','青木镇'],
    '派森恩':['2','18','19*9999888','paisenen','987654321@qq.
com','派武馆']
        }
    fname='派武馆.txt'
    if os.path.exists(fname):   # 如果存在数据文件
        tx=rd(fname)            # 调用文件读取数据模块

    while 1:      # 循环控制操作
      try:        # 尝试运行
            # 功能控制：分支结构来控制处理
            x=se()              # 选择
            if x==1:fd(tx)      # 查询
            elif x==2:ad()      # 增改
            elif x==3:de()      # 删除
            elif x==4: px()     # 浏览
            elif x==5:br(tx)    # 排序
            else:break          # 中断
      except:     # 容错处理
          info = sys.exc_info()
          print(info)

    wr(tx,fname) # 最后写入文件存储数据
```

【运行】

```
-------------- 派森英雄榜 ----------------------------
1. 查询 2. 增改 3. 删除  4. 排序 5. 浏览 0. 退出
------------------------------------------------------------------
请选择功能项：1
姓名：派森恩
------------------------------
姓名：派森恩
编号：2
年龄：18
电话：19*9999888
微信号：paisenen
邮箱：347679968@qq.com
地址：派武馆
------------------------------
```

大家饶有兴致地合作着，不仅又一次共同经历派森英雄榜程序创作的乐趣，还一块分享着信息，无比开心。小吉还参考“飞花令”程序尝试读取两种编码文本文件，方便不同机器共享。

可也有人尝试给派森恩打电话，说号码不存在，用小吉的话说：“为保护隐私程序中的电话当然是假的啰，看看里面还有什么 +、-、* 呢。”

派森恩对两人这次新颖的合作项目进行了表扬，并提醒大家：“遵循开源精神，程序文件、数据文件分享给同学学习、交流，但是个人数据要注意保护隐私，不在网上公开发布哦。”

（二）每一位都是一颗闪亮的星

在隆重的毕业典礼颁奖之前，先由派武馆三位大侠发表演讲。

派森恩情绪激动，絮絮叨叨地跟大家总结他热衷的剑术：**“编程的知识、技术正如剑术“大殿”的根基**一样，根基不牢地动山摇。变量、常量、列表、数据类型、输入/输出语句、顺序结构、分支结构、循环结构、自定义函数、标准函数等，都是最必要的基础。特别是，灵活地应用分支结构判断不同的情况，利用循环结构自动化控制，这需要时刻练习，实践体会。”

大家跟着派森恩重温这些编程知识体系，感觉好亲切，每个人都记下好多笔记。

韩青锋笑意盈盈，认认真真地跟大家梳理他擅长的剑法：**“算法就像是剑法，它是程序的灵魂，有算法的程序才有生命力**。数据结构、数阵搜索、枚举算法、折半查找、分治策略、排序算法等都是重要的算法思想。特别是，桶排序快但有局限，冒泡排序经典但却稍慢，插入排序灵活简洁且高效，建议大家灵活运用常用函数解决问题。”

大家再回想这些算法，心中充实，每个人都积攒了好多宝贝剑法。

姬思木面带春风，从容不迫地给大家提升计算思维境界：**“计算思维是能力，是素养，有计算思维的人能够创造性地解决问题**。用分解、抽象、算法等计算思维解决问题很时尚。平日里，要善于把问题大而化小、寻找规律、创新策略。”

大家现在与姬大侠仿佛已心有灵犀，每个人都感觉更加胸有成竹。

接下来，好多学员都自发上台演讲话别，台下大家更是心有戚戚，感同身受。

这时，台前那位玉树临风的黑衣人——对，正是那位蜀中变脸门的药师弟子，带领百名弟子，每人把一束美丽的鲜花献给每一名都很优秀的派武馆毕业生。

颁奖典礼开始——

派武馆毕业擂台赛的击剑冠军小迪、剑法套路冠军小吉，两人都获得一把镀金宝剑——“金派剑”。

剑法套路比赛的另外五名选手和击剑擂台赛的另外两名选手，共有七名优秀选手获得一组“星派剑”，每人一把剑，每把剑上镶嵌一颗亮晶晶的玛瑙之星，分别代表天枢、天璇、天玑、天权、玉衡、开阳、摇光，这七星共同组成北斗星。

派武馆每一名毕业生都是优秀的，都是未来一颗颗闪亮的星，均获毕业纪念“派奖章”一枚；均获派武馆剑术、剑法、剑道合一的功夫宝图“派武馆思维导图”一幅；均获派武馆《编程武功秘籍》三卷。

这些，都将成为大家未来再闯编程江湖、攀登信息科技高峰的坚定信念和基本武功。这真是：

一图绘就真武功，两金七星现江湖。

科技代有才人出，且看明朝谁为雄。

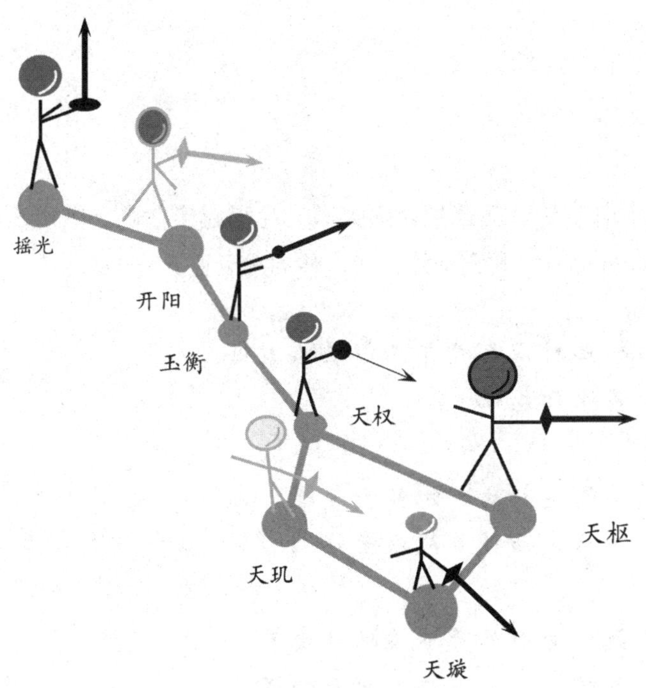

姬思木、韩青锋、派森恩，跟大家一起唱起毕业歌，歌声在派武馆的校场响起，传向硅晶谷，传向河流山川，传向白云蓝天——

人也许应是世界上最暖的主角，
不论你我他。

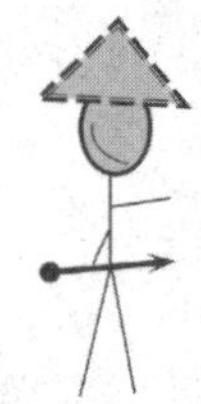

不论是初出江湖的小牛犊，
抑或是历经百战的老江湖。

我们面对的并非彼此的竞争，
我们迎来的应该是相互合作。

人们不该相互冷落，不该渐行渐远，
机器已成为新的物种，智能时代的挑战已经来临。

一曲终了。

派森恩兴高采烈地向大家宣布编程江湖的最大新闻：“号外！号外！人工智能也有了高超剑术，机器可以智能地编程了。”

韩青锋已变得非常开朗，他大笑一声：“哈哈——快让人工智能来给我编写各种算法程序！”

姬思木舒展一下他日益强壮的身躯，摇摇折扇，意味深长地说：**“剑术**

会越来越高超，剑法也会愈发高明，而剑道也是日新月异。剑道，需要人在体悟中拥有！”

正当大家把目光聚焦在人工智能编程机器人聊天式智能编程的时候，不远处又传来了更大的喊声。

“号外——”原来是杨二舅一摇一摆地大踏步地走来了，他身边还有那只可爱的小山羊，羊角上挂着一个精致的竹篮。

“更大的号外！我老杨也会用机器人来写程序了，看我让机器人用‘类’写的菜单程序啊！”

杨二舅手里果然有一个很别致的信笺，上面用程序写着菜谱、菜单。

P-尾声-类-菜单

```
import random
class Rcaidan:                                  # 定义类：随机点菜
    def __init__(self,m,v,f,s):                 # 类的属性
        self.meats=m                            # 肉菜
        self.vegetables=v                       # 蔬菜
        self.fruits=f                           # 水果
        self.soups=s                            # 汤菜
    def xuan(self):                                      # 类的方法：随机选择
        f1=random.sample(self.meats,1)                   # 随机选 1 肉菜
        f2=random.sample(self.vegetables,2)              # 随机选 2 蔬菜
        f3=random.sample(self.fruits,1)                  # 随机选 1 水果
        f4=random.sample(self.soups,1)                   # 随机选 1 汤菜
        r=f1+f2+f3+f4                                    # 合成菜单
        return r                                         # 返回菜单
# 主程序
m=['牛肉','鸡肉','猪肉','鱼']                    # 肉菜菜单
v=['菠菜','西蓝花','胡萝卜','青菜']              # 蔬菜菜单
f=['苹果','香蕉','橙子','葡萄']                  # 水果菜单
s=['蘑菇汤','鸡蛋番茄汤','紫菜蔬菜汤','鲜玉米汤' # 汤菜菜单
wucan = Rcaidan(m,v,f,s)                        # 创建类的对象：午餐
print('午餐菜单：',wucan.xuan())                # 使用类的方法：午餐菜单
wancan = Rcaidan(m,v,f,s)                       # 创建类的对象：晚餐
print('晚餐菜单：',wancan.xuan())               # 使用类的方法：晚餐菜单
```

【运行】
```
午餐菜单：['鸡肉','胡萝卜','青菜','香蕉','蘑菇汤']
晚餐菜单：['牛肉','菠菜','西蓝花','苹果','鸡蛋番茄汤']
```

小迪、小谷一下欢呼起来："原来扫地僧不是杨二舅，是机器人啊！"

小特、小吉等弟子也欢呼起来："寒假再来派武馆就能吃上机器人点菜的饭菜了！"

杨二舅摸摸小山羊的头，跟大家嘿嘿一笑："虽然程序是机器人写的，但是我把它改得更好了，哈哈，我也学会了点儿剑术、剑法、剑道，从此真正成为派武馆的堂堂'师舅'，期待放假再次相聚，让我也能露上两手！"

所有的人都围着杨二舅嘻嘻哈哈地欢呼起来："师舅师舅，剑术高明；师舅师舅，剑法神勇；师舅师舅，剑道无穷！"

可是，这时的派森恩却又心事重重。

倒不是因为他把早在学抽象时就想给二舅做一个智能菜单的事给忘了感觉很内疚，而是他突然担忧地说：**"在即将到来的人工智能时代，我们与智能机器人怎样才能在剑术、剑法与剑道上友好对话？在哪些方面人类才能与之一争高下？"**

这些既有憧憬也有担忧的话也影响了大家的心情，直到离开硅晶谷，一起快到达故乡——青木镇的时候，望见那湛蓝的天空、洁白的云朵和美丽的青山绿水之时，才稍稍有所放松。

"也许，前所未有的挑战就在明天！"姬思木坚定地说完，就自信地快走几步，他已经不再需要韩青锋的搀扶，而是与两位好朋友并肩而行。

派森恩、韩青锋、姬思木，三个矫健的身影仿佛已经重叠在一块，清晰地与茫茫群山印在一起，像风中的雄鹰，如云中的苍龙，更似正在诞生的新时代未来群星——

1. 王洪波，董俊 . 剥开编程教学中“生活算法”的坚硬果壳 [J]. 中国信息技术教育，2023(5).

2. 江红，余青松 . Python 编程从入门到实战：轻松过二级 [M]. 北京：清华大学出版社，2021.

后记

姬思木感慨地说：我们派武馆会征集大量的《编程江湖》读后感，将择优发布在武馆公众号“百香果深度思维”上。

派森恩连连点头：“对，对！我们还要定期择优赠送剑法秘籍，让大家一直感受到派武馆的温暖。”

韩青锋也开心地笑着说：“读后感文字、内容插画、精彩程序、创新的编程故事……都可以啊，请大家快来参与吧！”

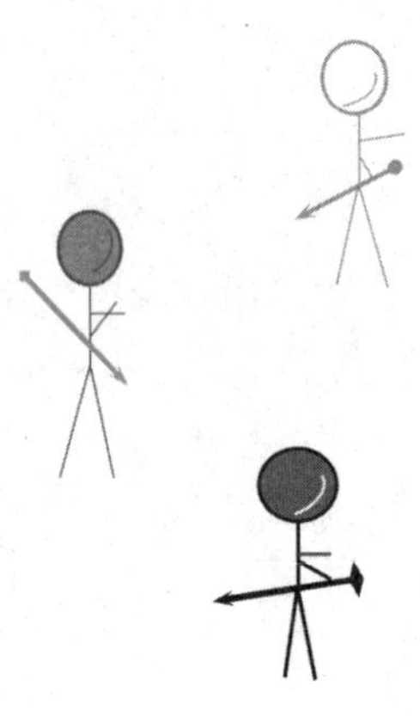